国家级职业教育规划教材

全国职业院校烹饪专业教材

教学菜——豫菜

李茂华　主编

中国劳动社会保障出版社

图书在版编目（CIP）数据

教学菜. 豫菜 / 李茂华主编. --北京：中国劳动社会保障出版社，2020
全国职业院校烹饪专业教材
ISBN 978-7-5167-4803-9

Ⅰ.①教… Ⅱ.①李… Ⅲ.①豫菜-菜谱-中等专业学校-教材 Ⅳ.①TS972.182

中国版本图书馆CIP数据核字（2020）第231971号

中国劳动社会保障出版社出版发行

（北京市惠新东街 1 号 邮政编码：100029）

*

北京市白帆印务有限公司印刷装订 新华书店经销

787 毫米 × 1092 毫米 16 开本 14.25 印张 258 千字

2020 年 12 月第 1 版 2020 年 12 月第 1 次印刷

定价：39.00 元

读者服务部电话：（010）64929211/84209101/64921644

营销中心电话：（010）64962347

出版社网址：http://www.class.com.cn

http://jg.class.com.cn

前　言

近年来，随着我国社会经济、技术的发展，以及人们生活水平的提高，餐饮行业也在不断创新中向前发展。餐饮业规模逐年增长，新标准、新技术、新设备和新方法不断出现，人们对餐饮的需求也日益丰富多样。随着餐饮行业的发展，餐饮企业对从业人员的知识水平和职业能力水平提出了更高的要求。为了培养更加符合餐饮企业需要的技能人才，我们组织了一批教学经验丰富、实践能力强的一线教师和行业、企业专家，在充分调研的基础上，编写了这套全国职业院校烹饪专业教材。

本套教材主要有以下几个特点：

第一，体系完整，覆盖面广。教材包括烹饪专业基础知识、基本操作技能及典型菜品烹饪技术等多个系列数十个品种，涵盖了中式烹调技法、西式烹调技法及面点制作等各方面知识，并涉及饮食营养卫生、烹饪原料、餐饮企业管理等内容，基本覆盖了目前烹饪专业教学各方面的内容，能够满足职业院校烹饪教学所需。

第二，理实结合，先进实用。教材本着"学以致用"的原则，根据餐饮企业的工作实际安排教材的结构和内容，将理论知识与操作技能有机融合，突出对学生实际操作能力的培养。教材根据餐饮行业的现状和发展趋势，尽可能多地体现新知识、新技术、新方法、新设备，使学生达到企业岗位实际要求。

第三，生动直观，资源丰富。教材多采用四色印刷，使烹饪原料的识别、工艺流程的描述、设备工具的使用更加直观生动，从而营造出更

加直观的认知环境，提高教材的可读性，激发学生的学习兴趣。教材同步开发了配套的电子课件及习题册。电子课件及习题册答案可登录中国技工教育网（jg.class.com.cn），搜索相应的书目，在相关资源中下载。部分教材针对教学重点和难点制作了演示视频、音频等多媒体素材，学生扫描二维码即可在线观看或收听相应内容。

本套教材的编写工作得到了有关学校的大力支持，教材的编审人员做了大量的工作，在此，我们表示诚挚的谢意！同时，恳切希望广大读者对教材提出宝贵的意见和建议。

人力资源社会保障部教材办公室

简 介

本教材为全国职业院校烹饪专业国家级规划教材，由人力资源社会保障部教材办公室组织编写。

本教材共分九章，通过大量豫菜制作实例对豫菜的烹调方法进行了详细讲解，包括制作拌、炝、腌类凉菜，制作煮、卤、酱、酥、冻、熏、脱水、炸收、腌腊、挂霜、琉璃类凉菜，制作灌、卷、叠压、镶嵌类凉菜，制作冷拼类菜肴，制作炸、炒、熘、爆类菜肴，制作煎、烹类菜肴，制作烧、扒、焖、烤类菜肴，制作炖、蒸、烩、煨、汆、煮类菜肴，制作拔丝、蜜汁、琥珀类菜肴。教材附有教学演示视频，并配有电子课件，教学演示视频可扫描书中的二维码观看，电子课件可通过中国技工教育网（jg.class.com.cn）下载。

本教材由李茂华任主编，朱长征、朱登祥任副主编。邢丙寅、潘长庆、阳勇、陶进业、于贵昌、范俊峰、李凡、方军伟、王朝辉、刘士喜、郭丰茂、尹涛、牛全兴参加编写，李顺发审稿。

目　录

绪　论

一、走进豫菜

河南古称“豫州”，因地处九州之中，“四国咸通”，所以又称中州。河南的地方风味菜肴又称中州风味，是我国著名的地方菜系之一。

河南是我国古代文明的主要发源地之一，文化历史悠久。根据舞阳贾湖、渑池仰韶、安阳后冈、新郑裴李岗等古文化遗址考证，早在五千年前，中华民族的祖先已在此居住。相传我国历史上最早的一次宴会——夏启的“钧台之享”即在河南的禹州举行。出身庖厨的伊尹，以“五味调和”向商汤王妙喻治国之道，被后人推崇为烹饪始祖，他的出生地就在河南的伊水。周朝建都洛阳之后，饮食礼仪制度逐步形成。到了北宋，东京汴梁（开封）成为全国的文化中心，同时也创造了中国烹饪空前的繁荣。北宋成为中国烹饪发展的“分水岭”和里程碑。此后，河南菜以“五味调和、质味适中”，色、香、味、形、器五性俱全，成为中国烹饪文化的一个重要流派。

河南地处中原，位于黄河中下游，属北亚热带、暖温带过渡性气候。太行、伏牛、桐柏、大别四大山系绵亘境内，卫河、黄河、淮河、汉水四水系横穿其间，全省平原与山区各半。豫南水乡盛产元鱼、鳝鱼、虾、蟹，西部山区盛产猴头、鹿茸、荃菜、蘑菇、羊素肚，豫北怀庆山药、宽背淇鲫、百泉白鳝、清化笋久负盛名，平原地区鸡、鸭、牛、羊、谷物、果蔬资源丰富。固始三黄鸡闻名遐迩，黄河鲤鱼驰誉中外，信阳毛尖为中国十大名茶之一。调味品有南阳老姜、密县大蒜、永城辣椒、林县花椒、辉县大葱、驻马店麻油、商丘麻酱、彭德陈醋等。各种物产资源，为豫菜的发展提供了丰富的物质条件，构成了豫菜完整的主料、配料和调料体系。

豫菜包括宫廷菜、官府菜、市肆菜、寺庵菜、民间菜和门活菜（上门服务），总的特点是鲜香清淡，四季分明，形色典雅，质味适中，与中国菜的南味、北味有所区别，而又兼其所有。豫菜的著名菜肴有开封的“糖醋软熘鲤鱼焙面”、洛阳的“牡丹燕菜”、郑州的“三鲜铁锅蛋”、信阳的“桂花皮丝”、新乡的“红焖羊肉”、安阳的“炒三不粘”、卫源的“清蒸白鳝”等；还有三大烤（“烤鱼”“烤鸭”“烤方肋”）、八大扒（“扒鱼翅”“扒广肚”“扒海参”“扒肘子”“葱扒鸡”“扒素什锦”“扒素鸽蛋”“扒玲珑面筋”）、四大抓（“抓炸里脊”“抓炸丸子”“抓炸核桃腰”“抓皮春卷”）等。另外，开封“全羊席”、洛阳“水席”、郑州“烩面”、开封“小笼包”、滑县“道口烧鸡”等也享誉全国。

二、豫菜的特征

豫菜主要由郑州、开封、洛阳、信阳、新乡、安阳等地方菜组成。豫菜选料严谨，刀工精细，制汤讲究，质味适中。具体来说，豫菜有以下几个方面的特点：

（1）原料丰富，选料严谨。豫菜强调以时令选取鲜活原料，故有“鸡吃谷头鱼吃十”“鞭杆鳝鱼马蹄蟹，每年吃在三四月”“鲤鱼吃一尺，鲫鱼吃八寸”之说。

（2）刀工精细，配头讲究。豫菜有“切必整齐，片必均匀，解必过半，斩而不乱”的传统技法，有“前切后剁中间片，刀背砸泥把捣蒜，刀膛拍，刀跟开，刀头刮鳞最方便”等一刀多能的用刀技艺。在配头上，豫菜有常年配头、四季配头之分，大小配头各有标准，“响堂哑灶”“看配头出菜”的传统。

（3）讲究制汤，火候得当。豫菜中的汤通常有头汤、清汤、奶汤、毛汤之分，制汤的原料要“两洗、两下锅、两次撇沫”。清汤或“套”或“追”，清澈见底，多用于清炖、清汆、提鲜类菜肴；白汤汤色乳白，清香挂唇，爽而不腻，常用来制作白扒、奶汤类菜肴。

（4）烹必适度，技法多样。豫菜常见的烹调方法有 50 多种，箅扒、软熘、烧烤、葱椒炝技法别具特色，如箅扒技法有“扒菜不勾芡，功到自来黏”的说法，爆汁菜肴有“热锅凉油，旺火速成，吃汁不见汁”的说法。无论哪种技法都务求烹必适度，口味质地恰到好处。

（5）五味调和，滋味适中。豫菜以咸鲜为基本味型，甘、酸、苦、辛、咸五味调和。各种味型不偏颇，淡而不薄、咸而不重、酸而不酷、辛而不烈、肥而不腻，清爽适口，以中为度。

第一章
制作拌、炝、腌类凉菜

学习目标

1. 了解拌、炝、腌类凉菜的制作工艺流程与特点
2. 掌握拌、炝、腌类凉菜的制作技法和要领
3. 能够用拌、炝、腌技法制作各类凉菜

第一节　拌

拌是指将生的原料或晾凉的熟料切制成丁、片、丝、条、块等形状后，加入各种调味品调拌均匀成菜的方法。拌菜技法运用普遍，取料广泛，山珍海味、禽畜鱼鲜、瓜果蔬菜等都可作为拌菜的原料，如海蜇、鱿鱼、猪肝、羊肚、黄瓜、青笋等。其中，动物性原料大都需要经过焯水、滑油等熟处理后方可拌制；植物性原料有些可以直接拌制生食，如黄瓜、西红柿等。拌菜的调味料主要有精盐、米醋、酱油、香油、味精等，也可根据不同口味的需要加入白糖、蒜泥、花椒油、辣椒油、海鲜酱、沙拉酱、复合油等。拌菜常见的味型有咸鲜味、芥末味、糖醋味、酸辣味、麻辣味、蒜泥味、姜汁味、红油味、怪味等。从技法上讲，拌一般可分为生拌、熟拌、热拌、滑拌等。

制作拌菜的关键环节是调制味汁和使用味汁。

拌菜用汁的方式有拌味汁、淋味汁和蘸味汁三种。

（1）拌味汁：把配制好的味汁倒入切好的原料中拌匀，再装盘成菜，如“拌萝卜丝”“拌麻辣鸡丁”等。

（2）淋味汁：将事先调制好的味汁在走菜时淋于菜上，上桌后由客人自拌自食，如“麻酱笋尖”“白斩鸡”等。

（3）蘸味汁：将事先调制好的味汁盛入碟内，走菜时将菜肴和味碟一同上桌，由客人将菜肴在味碟中蘸汁自食，如“酱脆薯片”等。

一、生拌

生拌是指将可食性的生料经过清洗消毒、切配后，直接加入拌汁调拌均匀成菜的拌制方法。生拌菜肴的特点：脆嫩爽口，色泽美观，口味富于变化。

工艺流程

原料初加工→切配成型→调制味汁→拌制入味→装盘点缀

工艺指导

（1）原料要精选。一定要选择新鲜脆嫩的原料，如黄瓜要选“顶花带刺”的。

（2）刀工要精细。生拌菜肴在刀工处理上要整齐美观，如切丝要粗细一致，切片要厚薄均匀，切丁要大小相等，并能借助花刀使菜肴便于入味。

（3）配色要美观。生拌菜肴要避免菜色单一。例如，“拌海蜇”配菜时要配一点绿的黄瓜丝、红的海米，黄、红、绿三色相间，美观的同时又“以料补香”，使海蜇具有黄瓜的清香和海米的美味。

（4）调味要合理。生拌菜肴使用的调料和口味要匹配，特定的原料配合特定的味型，才能突出原料的性能。例如，西红柿用糖拌，凉粉用蒜泥、醋拌，肚丝用红油汁拌等。

（5）卫生要注重。制作生拌菜肴使用的生料较多，因此更应注意清洁卫生，做好杀菌消毒工作。常用的洗涤方法有清水清洗、用浓度 5% 的淡盐水浸泡 5 分钟后再用清水清洗等方法。

菜肴实例　拌莴笋丝

莴笋学名莴苣，可分为叶用莴苣（又称生菜）和茎用莴苣。茎用莴苣叶子或尖或圆，叶片或绿色或绿中带有紫色红晕，因形态呈长棒状似竹笋而得名，其肉质鲜嫩，可生吃、凉拌、炒食、腌制。莴笋中含有丰富的无机盐、维生素和较多的烟酸，对高血糖患者有一定的食疗效果。

<table>
<tr><th>菜品名称</th><th colspan="2">拌莴笋丝</th></tr>
<tr><td rowspan="2">原料</td><td>主料</td><td>莴笋200克</td></tr>
<tr><td>调辅料</td><td>胡萝卜20克，豆芽20克，花椒油3克，精盐3克，白醋5克，味精1克，芝麻香油3克</td></tr>
<tr><td>工艺流程</td><td colspan="2">1. 原料初加工：把莴笋去皮洗净，切成丝。胡萝卜去皮，切成丝。豆芽洗净，沥干水分备用。锅内水烧开，加入几滴油和精盐，将胡萝卜丝和豆芽用开水烫一下捞起，沥干水分备用
关键点：生拌多用于新鲜脆嫩、含水量较多的蔬菜原料及其他可生食的原料，因此必须洗净、杀菌后再加调味料拌制。选料要精细，以保证菜肴质地脆嫩
2. 调制味汁：将芝麻香油、花椒油、精盐、白醋、味精调和均匀成味汁
关键点：精盐与味精要用凉开水化开，以免咸鲜味不均匀。调味要适当，口味要有特点
3. 装盘成菜：将加工好的原料装入盘内，将调制好的味汁浇在盘内原料上即成
关键点：装盘时要干净、注重造型。为突出菜肴的本色，此菜不宜用深色的调味品。拌菜多为现吃现浇汁，有的事先用盐或糖调制好基础味，拌时要沥干汁水，再调拌食用。注意保持生料本味鲜美、清香脆嫩的特点</td></tr>
<tr><td>成品特点</td><td colspan="2">色彩丰富，口味纯正，口感爽脆</td></tr>
<tr><td>举一反三</td><td colspan="2">用此方法将主料及味汁变化后，还可以拌制“拌木瓜丝”“拌白萝卜丝”等菜肴</td></tr>
</table>

二、熟拌

熟拌是指将原料经过烫、焯水、卤煮等方法制熟后晾凉，经切配后再加入调味品调拌成菜的拌制方法。熟拌菜肴的特点：鲜嫩香脆，口味多变，色泽美观。

工艺流程

原料初加工→熟处理→刀工切配→调制味汁→拌制入味→装盘点缀

工艺指导

1. 红油味汁的调制

（1）用料：红辣椒油、蒜泥、酱油、味精、精盐、白糖、葱花、香菜、芝麻香油（或熟芝麻）等。

（2）制法：将上述原料调和在一起。

（3）用途：可用于拌制各种凉菜，如“红油拌鸡丝”“红油拌菠菜”“红油肚片”等。

（4）制作提示：应根据客人喜好，适当调整红辣椒油的用量。

2. 红辣椒油的制作

（1）用料：干辣椒粉、葱段、八角、精炼植物油。

（2）制法：直接将干辣椒粉加入一定量的植物油，放在火上慢慢熬制，即成辣椒油。此外，也可在盛装辣椒粉的容器中加入少量水搅匀（以防热油倒入时油温过高烧焦辣椒粉），埋入几个葱段、八角，将油烧热后徐徐倒入，边倒边用筷子搅拌。

菜肴实例　红油拌耳丝

猪耳是重要的烹饪原料。鲜猪耳要仔细刮洗，以除去其表面的残毛，并用盐、醋揉搓去除异味。清洗干净并做焯水处理后再另起锅，加入葱、姜、八角、酱油、精盐等进行卤制，成熟后捞出晾凉方可片切耳丝。

菜品名称		红油拌耳丝
原料	主料	猪耳250克，净莴笋中段50克
	调辅料	葱段20克，姜块10克，八角5克，桂皮5克，香叶3克，辣椒油30克，白糖5克，酱油20克，味精1克，芝麻香油5克，精盐3克
工艺流程		1. 原料初加工、熟处理：用刀刮去猪耳上的残毛，除去污秽，清洗干净。锅内放入冷水，加入葱段、姜块、八角、桂皮、香叶，放入猪耳，大火烧开，撇出白沫，转中火煮至成熟 **关键点：**所选猪耳原料必须经卫生检查合格。猪耳煮熟后捞出洗净，要放入冰水中，经急速冷冻，使猪耳变得弹牙、口感好 2. 调制味汁：将辣椒油、酱油、白糖、味精、芝麻香油、精盐调制成红油味汁 **关键点：**红油味汁的调制因人、因菜而异，也可在此基础上加入姜汁、蒜泥、香醋、葱花或香菜等

续表

菜品名称	红油拌耳丝
工艺流程	3. 切配拌制成菜：将经过冰水过凉的猪耳捞出搌干水分，切成长 8 ~ 10 厘米、粗 0.3 ~ 0.5 厘米的丝。莴笋也切成同样粗细的丝并用盐略腌渍一下，沥去水分。将莴笋丝放在盘子底部中央垫底，将耳丝盖在上面，再将调好的红油味汁浇淋在耳丝上即成 **关键点：** 莴笋丝用盐腌渍后只能沥干水分，不要挤压。装盘时要干净，注重形态优美。装好盘后可撒点熟白芝麻、葱花进行点缀
成品特点	色泽红亮，耳丝爽口，香辣味美
举一反三	用此方法将主料及味汁变化后，还可以拌制“红油拌三丝”“红油肚丝”等菜肴

三、热拌

热拌是指将原料经加热预熟后趁热制成菜，或将原料码在盘中，浇热汁拌制成菜的拌制方法。热拌菜肴的特点：原料多样，色泽明亮，荤素兼备，酸辣适口。

工艺流程

原料初加工→刀工成型→熟处理→调制味汁→拌制入味→装盘点缀

工艺指导

热拌菜肴要使用香气浓郁的调料，常用的如花椒油、香醋、姜米、芝麻香油、蒜泥等，并搅拌充分，使香味渗入到原料内部，以体现热拌菜肴滋味醇厚、香气扑鼻的特点。

菜肴实例　肉丝带底

“肉丝带底”是河南的一道名菜，其传统的做法是选用上好的绿豆粉皮，浸泡后切丝，加蒜泥、香醋、精盐、香油等温拌装盘，与炒好的肉丝一同上桌，当着客人的面将炒好的肉丝浇在粉皮上拌食。这是一款热制凉吃、鲜咸软滑、荤素搭配的经典菜肴。

菜品名称	肉丝带底	
原料	主料	绿豆粉皮200克，猪里脊肉100克
	调辅料	蒜薹50克，蒜泥20克，葱姜末10克，料酒10克，酱油5克，醋5克，精盐2克，味精1克，芝麻香油、鲜汤适量
工艺流程	1. 发制粉皮：将干粉皮放入盆内，冲入开水，泡发至粉皮筋软 **关键点：**粉皮要用开水焖透 2. 原料切配：将猪里脊肉切成丝，蒜薹切段备用，发好的粉皮切宽丝 **关键点：**切丝要均匀一致 3. 炒肉丝：净锅放少许油加热，放入猪里脊肉丝煸炒，加入蒜薹、葱姜末、料酒、酱油、精盐，炒至香味出来、肉丝发亮，加入适量鲜汤、味精，盛入碗内待用 **关键点：**炒制时掌握好火候，时间不要过长，以熟、嫩为宜 4. 调制味汁：将蒜泥放入碗中，加入酱油、醋、精盐、味精、芝麻香油搅拌均匀成味汁 **关键点：**酸味要适度 5. 装盘：将调好的味汁浇在盛装粉皮的盘内拌匀，再将炒好的肉丝倒在粉皮上面即成 **关键点：**盛装时注意造型美观，可用黄瓜丝进行围边点缀	
成品特点	肉丝鲜嫩，粉皮爽滑，咸酸鲜香，荤素兼备，味美醇厚，别有风味	
举一反三	用此方法将主料变化后还可以拌制“鸡丝拉皮”等菜肴	

四、滑拌

滑拌是指用猪、鸡、鱼的嫩肉（如猪的通脊、鸡的胸脯肉）片成薄片，用水淘洗一下去净血水，捞出搌干水分后上蛋清浆，水快开锅时下入肉片，滑至肉片变白捞出，入冷开水中投凉，沥干水分后加花色配料、调味品拌制成菜的方法。滑拌菜肴的特点：原料多样，色彩艳丽，滑爽清脆，鲜嫩利口。

工艺流程

原料初加工→刀工成型→熟处理→调制拌汁→拌制入味→装盘点缀

工艺指导

水滑是重要的熟处理方法，水滑后的原料可拌、可炝、可熘、可炒。

（1）原料上好浆是关键之一，浆不能太稀，否则下锅后易脱浆。

（2）原料下锅时水不能大开，水温又不能太低，应似开不开状态，以防脱浆。

（3）原料抖散下锅后不能马上搅动，以防脱浆。应稍停一会儿，待原料表面的淀粉糊化后再推散。

菜肴实例　滑拌肉片

“滑拌肉片”多采用花色配菜，主料与配料的色彩对比非常鲜明，即白的肉片、黑的木耳、红的番茄、绿的黄瓜，色彩鲜艳悦目。

菜品名称	滑拌肉片	
原料	主料	猪里脊肉 200 克
	调辅料	鸡蛋清 1 个，黄瓜 50 克，番茄 50 克，水发木耳 20 克，料酒 10 克，精盐 2 克，味精 1 克，生抽 10 克，姜汁 5 克，芝麻香油适量
工艺流程	1. 原料切配、水滑熟处理： （1）将猪里脊肉顶刀切成 0.2 厘米厚的薄片，上蛋清浆后，进行水滑熟处理 （2）黄瓜、番茄切片 （3）将木耳去根，撕成小块，焯水处理 **关键点：**要选择无筋膜、纹理细嫩的猪肉，如猪里脊、通脊、臀尖。切肉片时要顶丝切，以确保肉的嫩度。为使肉色洁白，可将切好的肉片放入清水中轻淘一下以除去血水。上蛋清浆前要将肉片上的水分搌干，上浆时应控制好浆的稀稠度。水滑时要控制好水温的高低。肉片入锅后要把握好搅动的时机 2. 调制味汁：将精盐、味精、料酒、姜汁、生抽、芝麻香油放入碗内搅匀成味汁 **关键点：**精盐、味精可提前用少量温水化开 3. 拌制装盘成菜：将调制好的味汁浇在原料上拌匀装盘即成 **关键点：**配花色菜肴要注意艳而不俗，装盘后不宜过度点缀，以突出菜肴自身的美感为度	
成品特点	原料多样，色彩艳丽，口感爽滑鲜嫩	
举一反三	用此方法将主料变化后还可以拌制“滑拌鸡片”“滑拌鱼片”“滑拌虾仁”等菜肴	

第二节　炝

炝是指把加工成丝、条、片、丁等形状的生料，经焯水或滑油后加入热花椒油为主的调味品调制均匀，并加盖密封，让调料的滋味渗入到原料中而成菜的烹调方法。炝制用具有较强挥发性物质的调料调制菜肴，并使其味渗入原料，北方多用花椒油，江南一带则多用酒并辅以胡椒粉等。常用于炝制的原料有冬笋、芹菜、豌豆、海米、虾仁、鱼肉、腰子等，常用的调味品有精盐、味精、姜、花椒油、胡椒粉等。炝菜所用原料必须先加热至成熟，根据原料加热方式的不同，炝一般可分为焯水炝、滑油炝、辣炝等。此外，豫菜中的葱椒炝也别具特色。

一、焯水炝

焯水炝又称掸炝，是指将植物性原料或上了浆的动物性原料用沸水焯至断生，捞出放入冷水中淘凉，沥去水分，加入调味品，淋花椒油拌匀成菜，此外也可在焯水后趁热直接进行炝制。焯水炝多以质地脆嫩、含水量较低的动植物原料为主，焯水时水要沸腾，但时间不宜过长，以原料断生、有脆嫩感为好，如炝制“虾子炝西芹”“掸炝腰片”等菜肴。焯水炝菜肴的特点：质感脆嫩，清淡爽口，味鲜、香、麻。

工艺流程

原料加工→焯水处理→调制入味→炝制成菜→装盘点缀

工艺指导

（1）原料要新鲜，加热要求七成熟出锅，装入盛器要按压紧实并盖严盖子，制成的菜肴质感脆嫩，风味独特。

（2）制作花椒油：干花椒 20 克，花生油 50 克，净锅加花生油烧至四成热，加入花椒炸至棕色出香味，花椒捞出，炸过的油即为花椒油。

菜肴实例 掸炝鱼鳃腰片

“掸”是豫菜厨房术语，为了保持原料脆嫩，将原料放入开水锅里迅速搅开后立即捞出，豫菜厨师称之为“掸”，与熟处理技法“沸水焯”相同。

菜品名称	掸炝鱼鳃腰片	
原料	主料	猪腰子 4 个
	调辅料	熟笋片 50 克，葱、姜丝各 15 克，料酒 10 克，酱油 10 克，精盐 2 克，白糖 2 克，味精 2 克，花椒油 15 克，芝麻香油少许
工艺流程	1. 原料初加工：将猪腰子从中间一破两开，中间拢起，片去筋膜、腰臊。在破开的猪腰子内侧一面，以刀距 0.2 厘米顺长解刀纹，再横批成夹刀片，放入清水中浸泡，追出血水、异味 **关键点：**必须选用新鲜的猪腰，偷一刀，透一刀，片净筋膜、腰臊，并用清水漂洗，去除腥臊异味。解花刀时深度（原料厚度的 4/5）及刀距要均匀，以使其形状美观 2. 焯水：将腰片从浸泡的水中捞出，沥去水分，放入沸水锅中掸一下捞出，甩干水分后放入盛器中。将笋片等放入沸水锅内掸一下捞出，甩干水分后放入同一盛器中 **关键点：**掸腰片必须掌握好时间，掸至腰片变色脱生即可，掸过头就会质老变硬。在水八成开时投入腰片抖散，变色脱生马上捞出，冷水过一下，用洁布搌干水分，再用少许芝麻香油拌一下，以防腰片内部血水外溢 3. 调制炝汁：在小碗内放入葱丝、姜丝、料酒 、酱油、白糖、精盐、味精、花椒油，调制成炝汁 **关键点：**调味品的量要按标准投放，花椒油最好随用随做	

续表

菜品名称	掸炝鱼鳃腰片
工艺流程	4. 炝制成菜：将炝汁倒入盛有腰片和笋片的盛器中，调拌均匀，再盛入盘内即成 **关键点：**原料焯水后应趁热调味，以形成味透爽口的特点，或最后淋入热花椒油焖几分钟再食用
成品特点	形状美观，质感脆嫩，鲜香爽口
举一反三	用此方法将主料变化后还可以炝制“掸炝茭白”“掸炝里脊片”“炝土豆丝”等菜肴

二、滑油炝

滑油炝是指将主料先用料酒、精盐码味，再上蛋清浆或全蛋浆拌匀，温油锅划散至断生后捞出，沥去油分，加入花椒油（或香油、胡椒粉等主要调味品）拌匀成菜的炝制方法。滑油炝多用于质地脆嫩的动物性原料。滑油时应控制好油温，并掌握好加热时间。滑油炝菜肴的特点：色泽洁白，质感滑嫩适口，味鲜、香、麻。

工艺流程

原料加工→滑油处理→调拌入味→炝制成菜→装盘点缀

工艺指导

滑油炝的关键环节是滑油。上蛋清浆的原料滑油时要“热锅凉油”。“热锅凉油”即先把净锅烧热，舀入一勺油润锅，至油热倒出，再放入凉油，接着将上好蛋清浆的原料（如肉丝、鸡丝等）放入锅中，动作先慢后快，用筷子将原料划散，原料变白即迅速捞出。滑油是一项基本功，要按流程操作，否则原料下入油锅中就会粘锅或抱团不易散开。

“油炝肉片”既可热制热吃，也可热制冷吃，常作为一般宴席凉盘使用。

菜品名称	油炝肉片	
原料	主料	净猪瘦肉250克
	调辅料	鸡蛋半个，粉芡25克，芝麻香油15克，葱椒5克，葱丝10克，姜丝10克，酱油、精盐适量，高汤少许
工艺流程	1. 原料初加工：猪肉顶丝切成大薄片，在鸡蛋、酱油、粉芡打成的糊里拌匀 **关键点：**切肉片时要顶丝切。上浆时要控制好糊浆的稀稠度。上浆太稀肉片易脱浆，上浆太稠肉片不易划散。将上好浆的肉片用手抓起来不出汁，抓在手中，能将肉片从张开的手指缝中滑出来，说明糊浆的稀稠度刚好 2. 滑油烹炒：将上好浆的肉片下入五成左右的热油锅中滑油烫透捞出。锅内留少许底油，下葱椒、葱丝、姜丝等调辅料，倒入高汤少许，待汁沸起，放入肉片炒片刻 **关键点：**锅内留底油不宜多 3. 炝制成菜：即将出锅时放入芝麻香油，翻拌均匀出锅装盘即成 **关键点：**菜肴将要出锅时再放芝麻香油	
成品特点	浅棕黄色，鲜香适口，有芝麻油香味	
举一反三	用此方法将主辅料变化后还可以炝制“油炝茭白”“油炝鲜鱿”等菜肴	

三、辣炝

辣炝是指将脆嫩的原料切成片、条、丝或花刀等形状后，用盐、醋、糖等调味品进行腌渍，再加入辣椒油、花椒油炝制成菜的烹调方法。辣炝菜肴的特点：质地脆嫩爽口，味酸、甜、咸、辣、香，色泽鲜艳或洁白。

工艺流程

原料初加工→刀工处理→调制入味→炝制成菜

工艺指导

（1）辣炝可用辣椒油或辣椒面，也可用辣椒丝，因菜而异。

（2）制作辣椒油：将干辣椒或干辣椒粉放入一定量的清水中，用小火慢慢熬煮，使辣椒中的辣味成分充分溶于水中。水分挥发大半时，将植物油倒入锅中继续熬制，熬至水分基本挥发完毕，冷却下来后便成辣椒油。熬制时油温不宜太高，以免辣椒焦煳。辣椒油又称红油，可提前制好，制好陈放2～3天，颜色更红，辣味更醇。

菜肴实例　蓑衣黄瓜

制作“蓑衣黄瓜”的关键是切制。切制“蓑衣黄瓜”，应选取直一点的黄瓜平放在砧板上，在黄瓜两侧顺长各稍削切一刀，形成上、下两个面，将黄瓜平稳地放在砧板上。刀与黄瓜垂直，刀尖接触砧板，刀根抬起，解（剞）刀排切黄瓜的上面，然后翻转黄瓜 180°，下面变成上面，刀与黄瓜稍斜解刀排切即成。两解刀纹交叉角度不能大，否则黄瓜篑拉不开。

菜品名称		蓑衣黄瓜
原料	主料	嫩黄瓜 500 克
	调辅料	干辣椒 5 克，葱 10 克，姜 15 克，精盐 10 克，醋 30 克，白糖 50 克，香油 50 克
工艺流程		1. 原料切配：将干辣椒、葱、姜均切成丝。嫩黄瓜洗净，解蓑衣花刀，撒上精盐麻一下，把水分挤出，摆在盘内 **关键点：**要选用质地脆嫩、粗细均匀的嫩黄瓜。解花刀时，运刀的深度要恰当，刀距要均匀，蓑衣花刀要成型美观。麻是豫菜厨房用语，即短时间腌渍。黄瓜麻的时间不宜过长 2. 炝制成菜：锅放中火上，加入香油，投入葱丝、姜丝、干辣椒丝炸出香味，放入精盐、白糖、醋，将汁收浓，浇在黄瓜上即成 **关键点：**醋不宜放得太早，以防醋味挥发。炝制后的黄瓜浸泡几分钟后再装盘，滋味更佳
成品特点		形状美观，色泽鲜艳，质地脆嫩可口，酸、甜、咸、辣、香五味俱全
举一反三		用此方法将主料变化后还可制作“珊瑚白菜”“辣炝萝卜皮”“油激包菜”等菜肴

四、葱椒炝

葱椒炝为豫菜独有，因其所用的调料“葱椒”而得名。葱椒炝菜肴既可热炝热吃，也可热炝冷吃，具有特有的葱椒香味。葱椒炝菜肴的特点：色泽柿黄，柔嫩鲜香，葱椒味浓。

工艺流程

原料加工→过油处理→制作葱椒汁→炝制成菜→装盘点缀

工艺指导

葱椒炝的关键在于葱椒汁的制作，选用花椒中的名品大红袍鲜品加入葱白、嫩姜，用石臼捣制而成。如无鲜品，也可用干花椒制作。干花椒需先用料酒浸泡，但香味稍差。

菜肴实例 葱椒炝鱼片

“葱椒炝鱼片”以鲭鱼肉片成卧刀片，经腌渍、挂糊、过油后，用葱椒加油、精盐、糖、料酒、芝麻香油炝制而成。成品色泽柿黄，透着葱椒混合生成的一种芳香，鲜美适口，最宜佐酒。

菜品名称	葱椒炝鱼片	
原料	主料	净鲭鱼肉 400 克
	调辅料	葱椒 15 克，葱、姜丝 10 克，鸡蛋半个，水粉芡 20 克，味精 3 克，料酒 5 克，酱油 10 克，精盐 3 克，白糖 5 克，姜汁 15 克，芝麻香油 20 克，花生油 1 000 克（实耗 50 克）
工艺流程	1. 刀工切配：先将鲭鱼肉顺长切成 7 厘米长的段，然后再卧刀片挖成长 7 厘米、宽 3 厘米、厚 0.5 厘米的长方片 **关键点：**鱼肉片的厚薄要一致，大小要相等 2. 过油处理：将挖好的鱼肉片放入用鸡蛋、水粉芡和少许酱油打成的糊内拌匀。锅放火上，加入花生油，烧至六成热时下入鱼肉片，炸至柿黄色出锅滗油 **关键点：**鱼片下锅后要稍停一下，强皮后再搅动，否则鱼片粘勺易烂	

续表

菜品名称	葱椒炝鱼片
工艺流程	3. 炝制成菜：锅内留余油少许放火上，放入葱、姜丝炸出香味，再下入葱椒、鱼片、料酒、酱油、精盐、味精、姜汁、白糖，连续旋锅至汁吸入鱼片，翻两个身，淋入芝麻香油出锅装盘、点缀即成 **关键点：**鱼片较嫩，在锅内收汁时不要用炒勺随意搅动，要通过旋锅使鱼片不粘锅，受热均匀。鱼片出锅装盘时动作要轻巧，不要将鱼片碰烂
成品特点	鱼片鲜嫩，葱椒香味扑鼻
举一反三	用此方法将主料变化后还可以炝制“葱椒炝里脊片”等菜肴

第三节　腌

腌是指将原料浸入调味卤汁中，或与调味品拌匀以排出原料内部的水分，使原料渗透入味成菜的烹调方法。腌制法利用了盐的渗透压原理使原料入味，析出其水分和涩味，从而形成腌制菜品的特殊风味。腌是冷菜制作中常用的一种烹调方法，可用于腌的原料有新鲜的蔬菜和质嫩的鸡、鸭、虾、蟹、肉、蛋等。根据腌汁的种类，腌可分为盐腌、糖醋腌、醉腌、糟腌等。

一、盐腌与糖醋腌

盐腌是以精盐为主的一类腌制方法。蔬菜类原料可直接用调味品调制的味汁腌制成菜，如“腌黄瓜条”“酸辣白菜”。动物性原料需经蒸煮或焯水至刚熟，再用调味汁腌制成菜。

糖醋腌是以白糖、白醋或柠檬酸、盐和白开水调兑成甜酸汁，将经过刀工处理的原料经焯水断生，用冷开水漂凉再放入晾凉的甜酸汁中，腌数小时后再装盘食用。

盐腌和糖醋腌菜肴的特点：质感柔嫩，清爽适口。

工艺流程

原料初加工→刀工成型→熟处理→腌制→装盘成菜

工艺指导

（1）可以直接生吃的果蔬类原料改刀后用精盐拌匀腌渍，并挤去内部多余的水分，再加入所需味型的调味品即可成菜。

（2）腌制咸味不能过重，以定味和能排出水分为度。

（3）因醋易挥发，配制糖醋汁时，要晾凉再兑入白醋。

（4）因蔬菜还会出水，配制的糖醋汁浓度要高一些，若浓度低，泡腌出来的菜肴就会味道寡淡。

菜肴实例　珊瑚雪卷

“珊瑚雪卷”以象牙白萝卜、胡萝卜为主料，造型为珊瑚状花朵形，色彩鲜艳，形态优美，为佐酒佳肴。

菜品名称	珊瑚雪卷	
原料	主料	象牙白萝卜 300 克，胡萝卜 300 克
	调辅料	精盐 5 克，白醋 10 克，白糖 50 克，干辣椒 5 克
工艺流程	1. 原料初加工：白萝卜、胡萝卜清洗干净，将白萝卜去皮切成大片，胡萝卜切成丝，分别放入淡盐水中浸泡 20 分钟，然后用纯净水去盐分待用。干辣椒清洗干净，切段后煮成辣椒水 **关键点：**所选象牙白萝卜、胡萝卜要新鲜。白萝卜片不能太厚，要厚薄一致，胡萝卜丝要粗细一致 2. 制作腌汁：用白糖、白醋加辣椒水调成酸甜辣汁，将白萝卜片、胡萝卜丝分别放入汁中浸泡 2 ~ 3 小时 **关键点：**腌汁要有一定的浓度。腌的时间不宜过长，以防原料变色，口感不爽脆	

续表

菜品名称	珊瑚雪卷
工艺流程	3. 装盘点缀：将白萝卜片捞出，逐片摊开，放上胡萝卜丝卷成手指粗细的卷，再切成马耳形进行装盘 **关键点：** 萝卜卷要卷紧实一些，否则切成的“马耳朵”易散
成品特点	质地爽脆，风味别致，酸、甜、辣适口
举一反三	用此方法将主料变化后还可以腌制“辣黄瓜条”“珊瑚雪莲”“辣萝卜皮”等菜肴

二、醉腌

醉腌也称酒腌，是指以精盐和酒为主要调味品的一类腌制方法。适合醉腌的原料主要有活虾、活蟹、螺、鸡蛋、鸽蛋等。醉腌根据原料生熟不同，有生醉和熟醉之分。醉腌菜肴的特点：醇香细嫩，鲜爽适口，有浓郁的酒香气味，大都保持原料的本色本味。

工艺流程

原料初加工→刀工成型→熟处理→腌制→装盘成菜

工艺指导

醉腌虾、蟹要选用江河中捕捞的鲜活虾、蟹，并用清水继续饲养一段时间，让其吐尽泥沙杂质。醉腌可选用高度白酒，也可选用黄酒、啤酒，醉腌的时间应达到醉熟的要求。

菜肴实例　醉河虾

河虾又称青虾、沼虾等，广泛分布于河湖、水库和池塘中。河虾体型细小，肉质细嫩，味道鲜美，营养丰富，是高蛋白低脂肪的水产品。用河虾制作醉腌菜肴易于入味，颇受消费者青睐。

<table>
<tr><th>菜品名称</th><th colspan="2">醉河虾</th></tr>
<tr><td rowspan="2">原料</td><td>主料</td><td>鲜活河虾 300 克</td></tr>
<tr><td>调辅料</td><td>黄酒 50 克，酱油 10 克，红腐乳汁 10 克，香醋 5 克，白糖 2 克，干辣椒 5 克，葱、姜、蒜各 5 克，味精 2 克</td></tr>
<tr><td>工艺流程</td><td colspan="2">1. 原料初加工：将河虾清洗干净，倒入盛冷开水的水盆内浸泡 30 分钟
关键点：河虾要养一段时间，以去除杂质和泥腥味
2. 制作醉腌汁：把葱、姜、蒜切碎放在一个小碗内，加入味精、黄酒、香醋、红腐乳汁、酱油、白糖、干辣椒粒调成醉腌汁
关键点：可根据个人喜好适当调整醉腌汁的内容，但必须有黄酒
3. 腌制装盘：将调好的醉腌汁倒入盛装活虾的容器中进行醉腌，腌透入味即可装盘上桌
关键点：腌的时候要加盖，以免活虾乱跳。通常醉腌 30 分钟即可食用</td></tr>
<tr><td>成品特点</td><td colspan="2">醇香细嫩，口味别致，有浓郁的酒香</td></tr>
<tr><td>举一反三</td><td colspan="2">用此方法将主料变化后还可以腌制“醉蚶子”“醉蟹”“醉鹌鹑蛋”等菜肴</td></tr>
</table>

三、糟腌

糟腌是指以精盐和香糟卤为主要调味品的一种腌制方法。糟腌主要用于动物性原料，如鸡、鱼、猪肉等。糟腌前要先将原料煮熟，捞出晾凉、改刀后再用糟卤汁腌 6 ~ 12 小时。糟腌菜肴的特点：鲜嫩醇厚，糟香爽口。

工艺流程

原料初加工→熟处理→调制糟卤→糟制成菜

工艺指导

（1）糟制前原料要先进行熟处理，做到熟而不烂，以便进一步糟制。

（2）糟香源于糟卤所含的酒精，酒精容易挥发，所以配制香糟卤时要将卤汁晾凉后再将香糟瀣入，以使糟卤滋味更醇。

菜肴实例　香糟鸡块

香糟是由做黄酒剩下的酒糟加工制作而成。香糟的香味浓厚，含有10%左右的酒精，有与黄酒同样的调味作用。香糟可分白糟和红糟两类，绍兴盛产白糟，福建盛产红糟。豫菜也善于用糟，但多以当地所产的香糟为主。

菜品名称	香糟鸡块	
原料	主料	肥壮白条鸡1只
	调辅料	本糟750克，葱50克，姜50克，花椒20克，味精2克，精盐100克
工艺流程	1. 原料初步熟处理：将鸡洗净，放入水微沸的锅中浸透捞出，用冷水冲洗干净 **关键点：**掌握好加热时间，浸至鸡断生即可 2. 焖制：将鸡一破4块，撒上少许精盐、味精、花椒、葱、姜，上笼蒸熟，出笼后拣出葱、姜、花椒晾凉 **关键点：**掌握好蒸制的时间，不可过烂 3. 调制糟卤：锅内添加适量的水，下入剩下的葱、姜、花椒，水开后倒入盆内晾凉，将本糟澥入盆内成卤 **关键点：**要将汤汁晾凉后再将本糟澥入 4. 糟制成菜：将鸡块放入一盆内，用一块四方净布蒙在盆上，将糟卤倒在布上，让卤汁过滤到盆内，将鸡块腌制12小时，食用时取出鸡块斩成小块装盘即可 **关键点：**糟制时卤汁要淹没鸡块，以达到味透及里	
成品特点	鸡肉白净，鲜嫩爽口，富有糟香味	
举一反三	用此方法将主料变化后还可以腌制“糟肉”“糟鱼”等菜肴	

第二章

制作煮、卤、酱、酥、冻、熏、脱水、炸收、腌腊、挂霜、琉璃类凉菜

学习目标

1. 了解煮、卤、酱、酥、冻、熏、脱水、炸收、腌腊、挂霜、琉璃类凉菜的制作工艺流程与特点
2. 掌握煮、卤、酱、酥、冻、熏、脱水、炸收、腌腊、挂霜、琉璃类凉菜的制作技法和要领
3. 能够用煮、卤、酱、酥、冻、熏、脱水、炸收、腌腊、挂霜、琉璃技法制作各种凉菜

第一节　煮

煮是指将洗干净的原料放入锅中，加入配料、调料和多量的汤水，盖上锅盖，利用水作为传热介质，长时间加热，使原料成熟的烹调方法。凉菜中的煮与热菜中的煮基本相似，区别在于：凉菜中的煮多不加有色及咸味调料，以白煮为多，原料或为大件整只原料，如嫩鸡、白肉、白肚，或为小型原料，如毛豆、鲜虾、胗肝等。热菜中的煮多用清汤、奶汤煮制，一般汤、料并用。凉菜中的煮多以清水煮料，取料而不用汤。煮通常可分为白煮和盐水煮。

一、白煮

白煮是指把原料放在清水中，不加调料，宽汤慢火使原料成熟的煮制方法。白煮与热菜中的煮法基本相同，区别在于冷菜的白煮大多是大件原料，汤汁中不加咸味调料，取料而不用汤。原料煮好晾凉后斩切装盘，另跟味碟上席。白煮菜肴的特点：白嫩鲜香，清淡爽口，本味突出。

工艺流程

原料初加工→煮制→调制味汁→斩切装盘

工艺指导

掌握煮制的火候和时间：

（1）掌握好火候，原料应沸水下锅，水再沸时离火，将原料浸熟。

（2）煮制时汤要宽，有的原料体积较大，要用小火长时间焖煮。

（3）白煮菜肴以熟嫩原料为多，故原料煮至断生即可捞出。

菜肴实例　白斩鸡

“白斩鸡”又称“白切鸡”，始于明清民间酒肆，因烹鸡时不加调味白煮而成，食用时随吃随斩，故称“白斩鸡”。“白斩鸡”色泽金黄，原汁原味，皮爽肉滑，皮脆肉嫩，滋味异常鲜美，大筵小席皆宜，深受客人青睐。

菜品名称	白斩鸡	
原料	主料	肥嫩母鸡 1 只
	调辅料	精盐 5 克，味精 5 克，姜末 10 克，香菜末 10 克，芝麻香油 5 克，蘸料酱油适量
工艺流程	1. 原料初加工：将鸡宰杀后里外洗干净，放入凉水盆内浸泡 1 ~ 2 小时，追出血水 **关键点：**要选用 1 000 克左右的活鸡，当天宰杀，当天使用，以确保原料新鲜。宰杀好的鸡要用清水泡，以追去血水使鸡肉更白 2. 烫鸡：手抓鸡颈，把鸡投入烧沸的水锅中，浸烫 1 分钟，将鸡提出水面，如此反复浸烫 3 ~ 4 次，烫至鸡内外收缩绷紧，排出皮层血沫，取出放入凉水盆内，洗去皮上血污 **关键点：**煮鸡前必须先烫鸡，使鸡身内外同时受热 3. 煮制：将锅中血沫撇净，加入适量冷水、姜末，将鸡放入，盖上锅盖焖煮 30 分钟左右，至鸡刚断生取出，放入冷开水中浸泡。待其完全冷却后捞出，沥干水分，刷上芝麻香油 **关键点：**煮鸡不能用旺火，水要浸没鸡全身，沸水下锅后改用小火煮，火急汤沸鸡身易裂，煮时保持水面沸而不腾即可。鸡煮至断生捞出，必须立即用冷开水冲凉鸡身，以避免鸡皮风干变色 4. 调制味汁：将精盐、味精、姜末、香菜末、芝麻香油、蘸料酱油等放在一起搅匀，倒入小碗随成品上桌蘸食 **关键点：**调制味碟要根据人们的口味灵活掌握，并随菜肴一起上桌蘸食	

续表

菜品名称	白斩鸡
工艺流程	5. 装盘成菜：食用时将鸡斩切成块装盘即成 **关键点：**斩切装盘时注意刀工，块要大小相等，装盘要整齐美观
成品特点	皮脆肉嫩，色白味鲜，香醇不腻
举一反三	用此方法将主料变化后还可以煮制“白切肚”“白切肉”等菜肴

二、盐水煮

盐水煮是指在煮制过程中加入以精盐、花椒、料酒、葱、姜为主的调味品，使原料成熟的煮制方法。盐水煮多取小型、短时加热成熟、热制冷吃的原料，煮的过程中只加料酒、葱、姜、花椒等调味品，快成熟时再加食盐调味，以突出原料的本味，成菜多冠以“盐水”二字，如“盐水虾”“盐水胗花”“盐水毛豆”等。盐水煮菜肴的特点：咸鲜爽口，突出本味。

工艺流程

原料初加工→煮制→切配装盘

工艺指导

（1）盐水煮以清水作为加热介质，煮制过程中只加精盐、花椒、料酒、葱、姜等调味品，以突出原料的本色、本味。

（2）盐水煮时不宜过早放盐，因为盐会加速蛋白质凝固，使原料变老。

菜肴实例 盐水鸭胗

鸭胗又叫鸭肫，即鸭胃，其形状扁圆，肉质紧密，紧韧耐嚼，滋味悠长，无油腻感，是老少皆宜的佳肴珍品。

菜品名称	盐水鸭胗	
原料	主料	鸭胗500克
	调辅料	花椒2克，葱、姜各3克，精盐3克，味精2克，芝麻香油、料酒适量
工艺流程	1. 原料初加工：将鸭胗剖成两开，用水冲去胗内污物，用尖刀刮去黄皮。在鸭胗中放入适量的盐，用力搓洗，特别是皱褶处，再用流水清洗干净。片去鸭胗上的筋皮，解十字花刀 **关键点：** 洗鸭胗时要用盐进行搓洗，以去其污物异味。去筋皮时要稍微保留薄薄的一层，去得太净解花刀后鸭胗不易收缩，花纹爆不开 2. 煮制：将切好花刀的鸭胗放入沸水锅内汆熟。锅内重新盛入清水，加料酒、花椒、葱、姜、精盐、味精，煮成清盐水汤，将汆熟的鸭胗放入，汤开端锅离火，浸泡入味 **关键点：** 由于鸭胗已打花刀汆熟，不宜再在火上煮，汤开后稍停即端锅离火，使鸭胗浸泡在汤中入味 3. 装盘点缀 **关键点：** 将鸭胗捞出控净水分，滴少许芝麻香油即可装盘	
成品特点	脆嫩，咸鲜爽口，形似菊花	
举一反三	用此方法将主料变化后还可以煮制“盐水虾”“盐水花生”等菜肴	

第二节　卤

卤是指将经过加工处理的原料（主要是动物性原料）放入特制的卤汁中加热至熟的烹调方法。卤是重要的冷菜烹调技法，在我国有着悠久的历史。《楚辞·招魂》中的“露鸡”，据考证就是“卤鸡”。在烹调技法中首次出现卤的名称，是宋代《梦粱录》中“鱼鲞名件”之一的“望潮卤虾”，至清代《调鼎集》《随园食单》中的“卤鸡”“卤蛋”等，已有卤汁的具体配方和卤制过程。

卤菜用料广泛，最常见的是家禽、家畜及其内脏。卤制时将原料投入卤锅内用大火煮开，再改用小火烧煮，至原料成熟或酥烂、调料渗入原料。卤制菜肴的操作关键是卤汤的调制，卤汤决定着卤菜的色、香、味。卤分白卤和红卤两种，各地在配制卤汤时用料也有所差异。卤制菜肴的特点：色泽美观，鲜香醇厚，软糯滋润。

关键工艺环节

（1）卤制时应先将卤汤熬制一定时间后再下料。卤汤保存的时间越久，卤汁中呈鲜味的物质越积越多，卤制出来的菜肴越香越鲜。

（2）原料卤制前应先去除其血腥异味，通常要进行走油或焯水处理。走油可使原料在卤制时上色入味，焯水可去除原料的血沫和异味。

（3）卤制菜肴通常都是大批量制作，一锅卤水有时要卤制好几种原料，因此一定要分清原料的老嫩，老的放在锅底，嫩的放在上面，先熟的先捞出，后熟的后捞出。

为防卤锅底部的原料焦煳，可在锅底垫锅衬，同时注意火候的掌握，要求熟嫩的原料用中火，要求酥烂的原料用小火。

（4）要保存好老卤。保存老卤时一定要定期清理残渣碎骨，防止其沉在卤锅底部而变质，并定期添加调料和更换香料。操作时不能用手直接接触卤汤，以防带入细菌。每次卤完菜肴，要将卤汤烧沸并撇去浮油，置于阴凉处，不可放置在灶台、火炉旁，以防其变馊。盛放卤汁的容器不能用铁器，以不锈钢或陶瓷器皿为好。

一、白卤

白卤是指在一定的汤水锅中按比例加入香料、精盐和其他调味料，以及动物性原料和配料经熬制而成的汁液，因不放酱油，卤汤呈白色，故称为白卤或白卤锅，如用于卤制“白卤鸡”“白卤大虾”“卤豆腐片”的卤汤即为白卤。

工艺流程

原料初加工→调制卤汁→上火卤制→斩切装盘

工艺指导

配制白卤汁时忌用有色调味品。

菜肴实例 旱千张

千张是豆制品的一种，我国北方称其为豆腐皮，在南方称为百叶。千张色白而薄，可凉拌、清炒，也可煮食。“旱千张”是河南信阳地区的风味菜肴，口感滑、嫩、筋、香。其做法是将千张切条打成结，用适量碱水稍提。砂锅内添入鸡汤、骨头汤、八角、小茴香适量，调好口味，下入千张结卤制而成。

<table>
<tr><th>菜品名称</th><th colspan="2">旱千张</th></tr>
<tr><td rowspan="2">原料</td><td>主料</td><td>信阳千张500克</td></tr>
<tr><td>调辅料</td><td>固始老母鸡汤1 000克，猪棒骨汤1 000克，八角2粒，小茴香3克，香叶1克，食用碱面10克</td></tr>
<tr><td>工艺流程</td><td colspan="2">1. 原料初加工：
（1）将千张清洗干净，切成5厘米宽、15厘米长的条状，然后打成结
（2）锅内添水1 000克，下入食用碱面，水开后下入千张结，用碱水将千张焯透，然后用清水漂凉
关键点：千张要新鲜
2. 卤制成菜：取老母鸡汤、猪棒骨汤置于砂罐中，放入八角、小茴香、香叶，待汤烧沸后下入焯好的千张结卤制15分钟即可
关键点：卤制时卤锅下面要垫上锅箅，以防下层的原料煳锅底。掌握好火候，要大火烧沸，小火焖卤</td></tr>
<tr><td>成品特点</td><td colspan="2">口感滑、嫩、筋、香</td></tr>
<tr><td>举一反三</td><td colspan="2">用此方法将主料变化后还可以卤制“卤豆腐”“卤黄豆”等菜肴</td></tr>
</table>

二、红卤

红卤是指在一定量的汤水锅中加入香料、酱油等调料，以及动物性原料和配料经熬制而成的汁液，因其呈红色，故称红卤或红卤锅，常用于卤制“红卤凤爪”“红卤猪耳”“红卤海带”等菜肴。

工艺流程

原料初加工→调制卤汁→上火卤制→斩切装盘

工艺指导

（1）原料卤制前可先用硝、精盐、花椒、酒等腌渍后再卤制，这样可适当增添卤制菜肴的色、香、味。

（2）卤制时应以小火加热，卤汁沸而不腾，这样既不使卤汁蒸发过快，香味逸出散失，又可加快卤制成熟的速度，同时也利于滋味的渗透，保证菜肴滋润。

（3）卤制时应根据原料的质地和菜肴所需质感来确定其成熟度。

（4）卤制品达到原料成熟标准后，原料应从沸腾的卤汁中捞出，以免原料沾卤油晾凉后影响成菜色泽。

（5）卤制完成的菜肴冷却后应在原料表面涂上一层香油，以防止卤菜表面风干变色。

（6）对于原料质地较老的卤菜，也可在卤制完成后仍浸在卤汤中，既可增加其嫩度，也便于入味。

菜肴实例　道口烧鸡

新乡滑县的道口镇，素有“烧鸡之乡”的称号。“道口烧鸡”是中国四大名鸡之一（河南的“道口烧鸡”，辽宁的“沟帮子熏鸡”，山东的“德州扒鸡”，安徽的“符离集烧鸡”），以多种名贵中草药，辅以陈年老汤卤制而成，即所谓“要想烧鸡香，八料加老汤”。其色泽鲜艳，形如元宝，骨酥肉烂。

菜品名称	道口烧鸡	
原料	主料	活鸡 1 只（约 1 000 克）
	调辅料	糖稀 5 克，砂仁 10 克，豆蔻 5 克，丁香 3 克，草果 10 克，肉桂 10 克，良姜 60 克，陈皮 10 克，白芷 10 克，精盐 20 克，花生油 1 000 克（实耗 10 克），老卤汤适量
工艺流程	1. 原料初加工：将鸡宰杀，放入 60 ~ 70 ℃的热水中浸烫后将鸡毛褪净，冲洗干净。从脖子上开口取出鸡嗉，从臀部开口掏出内脏，用食指捅进鸡口腔洗净血迹和脏物。将净鸡放在砧板上，腹部向上，用刀将鸡肋骨和脊骨中间处切断，并用手按折，然后用一根高粱秆放入肚腹内撑起，再在鸡下腹脯尖处开一小刀口，将两腿交叉插入刀口内，两翅交叉插入口腔内，使鸡成为两头皆尖的半圆形，晾干表面水分 **关键点：**宜选用半年以上、两年以内，重约 1 000 克的活雏鸡。宰杀时将血放尽，保持鸡的皮肤完整 2. 过油走红：将晾好的鸡身遍抹糖稀，放入 150 ~ 160 ℃的热油锅中炸至柿红色捞出 **关键点：**也可用酱油或蜂蜜作涂抹料（以蜂蜜为例，1 份蜂蜜与 6 份水，调好后涂抹鸡皮）；炸时要控制好油温	

续表

菜品名称	道口烧鸡
工艺流程	3. 卤制成菜：将砂仁、豆蔻、丁香、草果、肉桂、良姜、陈皮、白芷用纱布包裹制成香料包。锅内加入老卤汤、水、精盐和香料包，摆入炸好的鸡，压上箅子，使鸡全部浸没在卤水中，旺火烧开，撇去浮沫，改用小火焖煮3小时，至鸡肉离骨时出锅，将鸡斩成块装盘即成 **关键点：**卤制时卤锅下面要垫上锅衬，以防下层的鸡煳锅底。注意火候的掌握，要大火烧沸、小火焖煮。鸡出锅时要保证鸡不散不烂，形态完整美观。食用时斩切装盘，淋上原卤汁滋味更美。装盘时注意造型美观
成品特点	呈枣红色，骨香肉烂
举一反三	用此方法将主料变化后还可以卤制“卤鹌鹑”“卤牛肉”等菜肴

第三节 酱

酱是指将经过腌渍或焯水后的半成品原料放入酱汁中烧沸，再用小火煮至酥软捞出，或再将酱汁收浓淋在酱制的原料上，或将酱制的原料浸泡在酱汁中的烹制方法。酱与热菜烹调方法中的“焖烧”有类似之处，主要用于家畜、家禽等原料。

酱法始于古人豆酱、面酱的发明。西汉汝南人桓宽在《盐铁论·散不足》中描述当时铺面出售的熟食“寒鸡”即为“酱鸡”，成书于元初的《居家必用事类全集· 饮食篇》已载有“酱蟹”的制作方法。至明、清，酱的方法逐渐增多，有先把原料用甜面酱、酒、盐、香料腌渍入味，风干后再烹制成熟，也有将原料成熟后压出水分，再入酱油等调料汁中浸泡后食用，并逐渐演变为现行的酱法。酱制菜肴的特点：酥烂味厚，浓郁咸香。

工艺流程

原料初加工→腌渍或焯水→上火酱制→斩切装盘

工艺指导

（1）原料在酱制前要以硝腌渍，但不可一味追求肉色发红而多用硝，一定要控制硝的用量，用硝过多会产生涩味，并对身体造成损害。

（2）如用油炸，油温要适当高一些，炸的时间要短一些。为使颜色更加鲜亮，可先以少量酱油涂抹原料表皮，过油后原料先有一个金红色的底色，酱制后菜肴的颜色更为鲜艳。

（3）酱制菜肴通常是大批量同时烧煮，因此应尽可能挑选老嫩程度相近，形体相当的原料。若有不同质地的原料同锅酱制，前几个加热阶段可以同时进行，到收稠卤汁阶段一定要分锅操作，以保证原料的成熟度、颜色一致。在酱制过程中，原料还应翻动一两次，使原料上色均匀。

（4）当酱制原料多时，一定要防止煳锅底，可在下料前在锅底放上锅衬，如垫上箅子。原料入锅后先用旺火烧开，随后转小火，保持汤汁微沸滚状，至原料基本成熟或已酥烂，再转旺火，并用勺不停地将卤汁浇淋在原料上，使之均匀上色。

菜肴实例　酱肘子

肘子也称蹄髈，有前、后之分，其瘦肉多，皮厚、筋多、胶质重，所以用肘子做菜肴通常多带皮烹制，最宜酱、卤、焖、扒、烧和制汤。

菜品名称		酱肘子
原料	主料	肘子 5 000 克
	调辅料	酱油 100 克，精盐 300 克，冰糖 300 克，八角 5 克，桂皮 5 克，丁香 3 克，豆蔻 5 克，花椒 2 克，葱 25 克，姜 25 克，甜面酱 50 克，香油、植物油适量
工艺流程		1. 原料初加工：将肘子刮去表面污物，拔去残毛，冲洗干净，并用清水浸泡，以去除血污。放入冷水锅中大火煮沸，去掉血水，收紧表皮，捞出，沥干水分，如有残毛，清理干净 **关键点：**初加工时不要碰破肘子的外皮，保证其外形完整（也可把肘子剔去骨，翻回原样，放入开水锅中焯水，收紧表皮，捞出沥干水分，并用绳子捆扎好，保持原形，再进行酱制）

续表

菜品名称	酱肘子
工艺流程	2. 酱制成菜：锅中倒少许植物油，放入甜面酱，小火炒出香味，添入清水，把八角、桂皮、丁香、豆蔻、花椒用纱布包制成香料袋，投入清水锅中煮半小时，出香味后，再放入其他调辅料烧开。把处理好的猪肘子放入锅中，旺火烧开，撇去浮沫，改小火煮2小时左右，至熟（用筷子可以轻易插入）捞出，抹上香油。将酱好的肘子晾凉，切配装盘。酱锅重新调成大火收浓汤汁，淋在肘子上即成 **关键点：**汤开时要马上撇去浮沫，否则浮沫沉淀，影响肘子质量。上桌时可外带面点荷叶夹、葱丝、黄瓜片
成品特点	色泽红润美观，酥烂鲜香
举一反三	用此方法将主料变化后还可以酱制“酱牛肉”“酱猪蹄”“酱鸭”等菜肴

第四节　酥

酥是指将原料（或经熟处理的原料，如油炸的半成品）有顺序地排放入大锅内，放入以醋、糖为主要调味料的汤汁，旺火烧开，再改用小火长时间焖制，使原料骨肉酥软、鲜香入味的烹调方法。醋能使骨质达到酥、松的要求。原料的酥烂程度以原料骨质酥软、入口即化为标准。若原料先油炸，再酥制，则称作硬酥，如酥鱼；未经炸制，直接酥制成菜，则称作软酥，如酥海带。适于酥制的原料有鲜鱼、鲜肉、蛋及海带、白菜、藕等。酥制菜肴的特点：鲜香酥软，骨酥肉烂，滋味浓郁，略有汤汁。

工艺流程

原料初加工→过油处理（硬酥）→上火酥制→装盘点缀

工艺指导

（1）酥制菜肴的重点在于调制酥制的汤汁。酥制菜肴味型丰富，汤汁一般由醋、白糖、酱油、精盐、料酒及葱、姜、花椒面、八角粉、桂皮粉等调制，各种调料的投放比例要根据菜肴的量而定。有些菜肴不加水只加调料。

（2）要掌握好酥制的火候和加热时间，先以大火烧开，撇去浮沫后改用小火焖制，保持汤汁微沸状态，不可大开，避免火力过急，使主料破碎。酥制时间要长，以原料酥烂为度。

（3）酥制菜肴大都是批量制作，又要求酥烂，且在制作过程中不可经常翻动原料，甚至有的原料从入锅到出锅不变位置，所以一定要防止煳锅底。酥制时锅底通常要放白菜帮、莲藕片、萝卜垫底，或放锅衬、竹箅垫底，原料要松松地逐层排放。

（4）加汤水要一次加足，中途一般不再追加，以免影响其质味的浓厚。由于酥制菜肴的烧焖时间较长，一般都在两个小时以上，因此汤汁要多一些，以能淹没原料为宜。

（5）使原料酥烂的调料主要是醋，掌握好醋的用法是做好酥制菜肴的关键。在酥制时，可加入香料和调味料，使菜肴的口味多样化。

（6）质地酥烂的菜肴，酥焖后必须晾凉后再起锅，以防原料形态破损。

（7）菜肴口味要平和，酸、甜、咸要适度，成品无汤少汁。

菜肴实例　酥鲫鱼

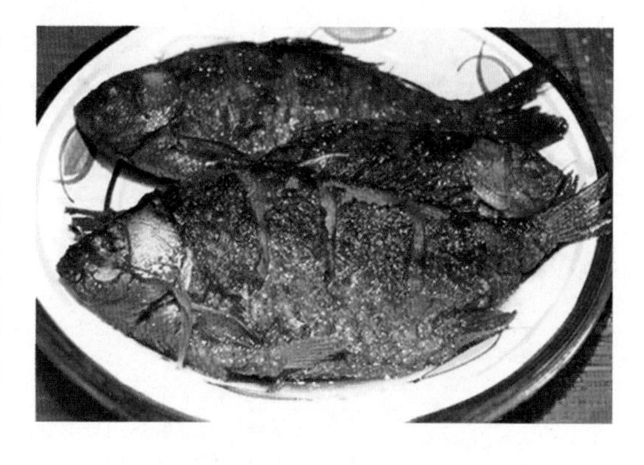

“酥鱼”属传统豫菜，也称“酥骨鱼”，自宋以来，元、明、清时期的烹饪著作中均能查到。在其传承中，庖厨又根据不同地方的食俗加以改进，其制法有配藕与不配藕烹制两种。若配藕烹制，其烹制方法是选用三寸长的小鲫鱼，洗净后入油锅炸焦，取莲藕去皮切成厚片，砂锅中先铺竹箅，摆一层藕，摆一层鲫鱼，中间插放葱白、姜片，铺摆满后，用盘子扣压，另兑料汁倒入封严，小火慢煨数小时。成菜后鲫鱼骨酥肉美，滋味醇厚，莲藕红润光亮，口感微筋，香甜适口。

菜品名称		酥鲫鱼
原料	主料	鲜鲫鱼 30 条
	调辅料	精盐 20 克，酱油 200 克，醋 500 克，白糖 400 克，料酒 150 克，葱段 100 克，姜 100 克，花椒 5 克，桂皮 5 克，八角 5 克，植物油、鲜汤、芝麻香油、五香粉适量

续表

菜品名称	酥鲫鱼
工艺流程	1. 原料初加工：鲜鲫鱼经初加工后清洗干净，控净水分，放入冰箱内冰镇 **关键点：**所选鲫鱼以每条100克为好。鲜鲫鱼过油时易崩裂，冰镇后再油炸则不易崩裂 2. 过油处理：净锅加植物油烧至七八成热时，将加工好的鲫鱼放入油锅，炸至呈深红色时捞出沥油 **关键点：**炸鱼一定要炸透，最好复炸一次，这样酥制时不易碎烂 3. 酥制成菜：取一个大砂锅，锅底铺放一竹箅垫底，竹箅上放一层葱段、一层姜，将炸好的鲫鱼鱼头朝锅边，鱼尾朝锅心，一条紧挨一条整齐地铺摆一层，然后在鱼身上再平铺一层葱段和姜、一层鱼，如此将鱼铺完。锅中下入白糖、醋、酱油、芝麻香油、八角、花椒、桂皮、五香粉、料酒等，添入鲜汤。先用大火烧沸，然后改微火焖制约4小时，待汁浓稠时端下砂锅。砂锅冷却后逐层起鱼，将酥好的鲫鱼装盘即成 **关键点：**以平底砂锅效果较好。锅底垫锅箅，以防煳锅底。原料下锅要排列整齐，层次分明，以便于成熟后起鱼方便。焖制中途不能翻锅，一气酥成，先用大火烧沸，然后改微火酥制。慎防滚沸汤汁冲散排摆整齐的鲫鱼，使鱼破碎。装鱼时不要将鱼弄烂，锅中余汁可浇在鱼上
成品特点	鲜香酥软，骨酥肉烂，酸、甜、咸味俱全
举一反三	用此方法将主料变化后还可以制作“酥排骨”“酥带鱼”“酥海带”等菜肴

第五节　冻

冻是指利用原料本身具有的胶质或另添加猪皮、食用果冻、明胶、琼脂等，经蒸熬，使原料凝结在一起成为一定形态的烹调方法。冻制品通常可分甜和咸两种。冻制菜肴的特点：色泽美观，晶莹透明，滑嫩爽口。

工艺流程

原料初加工→熟处理→制作冻汁→装盘点缀

工艺指导

皮冻的选料以猪的脊背皮为好，且必须新鲜。制作冻汁时，猪皮与汤水的比例为1∶6。取一滴正在熬制的皮冻汁放在手心，用手指研磨，如有发黏的感觉，说明已经熬得差不多了，即可端锅离火。

菜肴实例　水晶皮冻

猪肉皮的主要成分是胶原蛋白和弹性蛋白。胶原蛋白不仅有助于增强人体组织细胞储水功能，而且还是皮肤细胞生长的主要原料。因此，常吃些肉皮制作的菜肴能起到补精养血、滋润皮肤、光泽头发、延缓衰老之功效。

<table>
<tr><th>菜品名称</th><th colspan="2">水晶皮冻</th></tr>
<tr><td rowspan="2">原料</td><td>主料</td><td>鲜猪肉皮 2 500 克</td></tr>
<tr><td>调辅料</td><td>葱 50 克，姜 20 克，蒜 20 克，花椒 10 克，八角 5 粒，绍酒 50 克，精盐 50 克，味精 5 克，醋 5 克，生抽 3 克，芝麻香油 3 克，辣椒油适量</td></tr>
<tr><td>工艺流程</td><td colspan="2">1. 原料初加工：将鲜猪肉皮用开水烫泡，刮净残毛和污物。下锅煮一下，捞出晾凉，片去肉皮里面的肥肉，切成细条
关键点：肉皮要处理干净，保证成品质量。肥肉要片干净，以免影响冻的凝结
2. 熟处理：净锅上火，加水、猪肉皮烧沸，撇去浮沫，加入绍酒和葱、姜、蒜、花椒、八角等调料，熬呈柿黄色，至肉皮酥烂汁浓时，捞出葱、姜、蒜等调料，再放入精盐、味精、醋，倒入盆内凝固即成
关键点：熬制皮冻汁的火力不宜太大，否则皮冻汁浑浊且不发亮。注意掌握冻汁的浓稠度，过浓则皮冻太硬，过稀则皮冻易碎
3. 装盘点缀成菜：食用时将冷却后的肉皮冻改刀切成薄片装盘，放入辣椒油、姜蒜末、生抽、芝麻香油等调味即成
关键点：注重刀工，讲究造型</td></tr>
<tr><td>成品特点</td><td colspan="2">颜色适中，晶莹剔透，口感爽滑，可配多种味汁蘸食</td></tr>
<tr><td>举一反三</td><td colspan="2">用此方法将主料变化后还可以制作“桂花皮冻”“鱼鳞冻”等菜肴</td></tr>
</table>

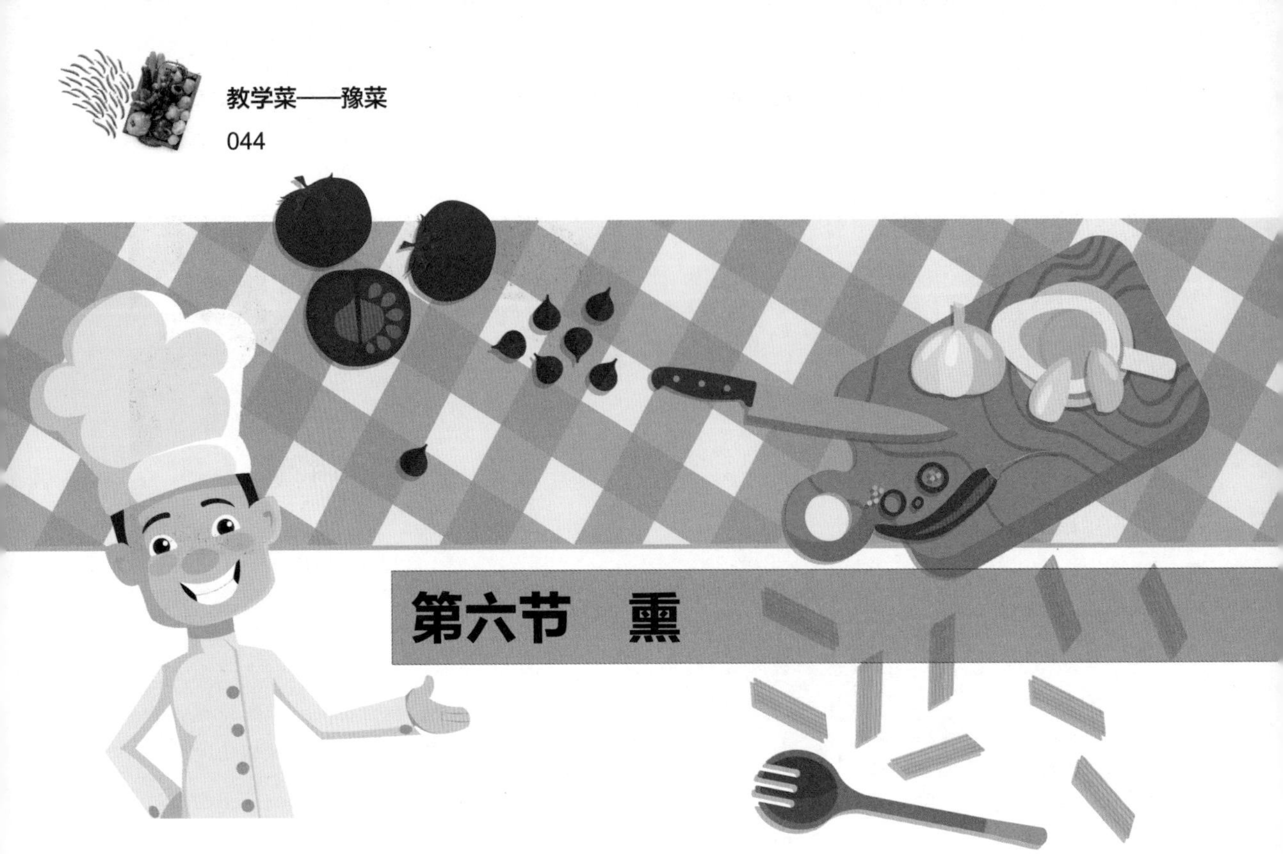

第六节　熏

熏是指将经过炸、卤、蒸、煮等熟处理方法制作的原料放入熏锅内，将熏料（如糖、茶叶、锅巴等）燃烧产生的浓烟吸附在原料表面，以增加菜品烟香味和色泽的一种烹调方法。因原料的性质不同，熏制可分为生熏和熟熏两种，以熟熏应用较广泛。

生熏是指将加工洗涤好的生料用盐及其他调味品腌渍入味后，直接放入熏锅内进行熏制，熏后直接食用或再经蒸、炸等熟处理方法制成菜品食用。

熟熏是指将原料先经蒸、煮、酱、卤、炸等方法制熟后，再放入熏锅内进行熏制，熏后多直接食用。

熏制菜肴的特点：色泽美观，有熏料的特殊芳香，烟香浓郁，风味独特。

工艺流程

原料加工腌制→熟处理→入熏锅进行熏制→装盘点缀

工艺指导

（1）在熏制前要将原料表面的水分擦干或晾干，以便熏烟附着，且原料趁热熏制效果更好。

（2）熏料用料要适当，茶叶最好先用开水浸泡后再用。

（3）锅箅上放的原料不要重叠，只有熏烟窜开，才能熏得均匀。

（4）熏制的原料底部用葱或菜叶垫底，否则容易焦煳。

（5）锅盖必须盖严，不进空气，无明火，使产生的烟不外跑，并严格控制火候和熏制时间，通常用中小火进行熏制。火大、时间长、烟多，熏出来的制品色重发黑，火太小又不容易上色。如有冒烟，要及时改用小火。

（6）原料熏好后，应及时刷抹香油，使其表皮不干燥，色泽美观。

菜肴实例　熏鱼

“熏”在《尔雅》中的解释为“炎炎，熏也”。熏用于食品，最早出于防腐的目的，后逐渐演变为一种独特的风味。“熏鱼”是一道传统菜肴，明代《宋氏养生部》中就有“熏鱼”的详细制作方法：“治鱼为大轩，微腌，焚砻谷糠，熏熟燥。治鱼微腌，油煎之，日暴之，始烟熏之”。

菜品名称		熏鱼
原料	主料	鲫鱼 4 条（约 600 克）
	调辅料	葱 150 克，姜 15 克，酱油 30 克，料酒 15 克，醪糟汁 200 克，米醋 5 克，精盐 5 克，味精 2 克，白糖 10 克，五香粉 13 克，花生油 750 克，松柏枝 250 克，大蒜 10 克，鸡汤 750 克
工艺流程		1. 原料初步处理：将鲫鱼洗净沥干水分，每条鱼劈成 2 片，共 8 片。将一半的葱和姜拍碎后放在大碗内，加入酱油、料酒、精盐拌匀，将鱼片放入，腌渍 4 小时左右。大蒜切末，另一半的葱切花 **关键点：**原料腌渍时要常翻动，使之入味均匀 2. 熏制成菜：锅内放入花生油烧至七八成热，将鲫鱼片放入油锅内炸至金黄色捞出，沥干油渍。锅放旺火上，把蒜末、葱花煸香后，倒入鸡汤、精盐、白糖、味精、五香粉和鱼片进行烧制，收汁后盛出待用。熏锅置灶口上，锅内放入松柏枝，支上熏架，放上鱼片加盖熏制，起烟后将熏锅端离灶口，约 3 分钟后揭盖，将鱼片取出晾凉，装盘即可食用 **关键点：**要将卤汁的色泽、口味调制好。注意装盘的形状
成品特点		口味醇香，色泽柿黄
举一反三		用此方法将主料变化后还可以制作“熏五香排骨”“熏鹌鹑蛋”等菜肴

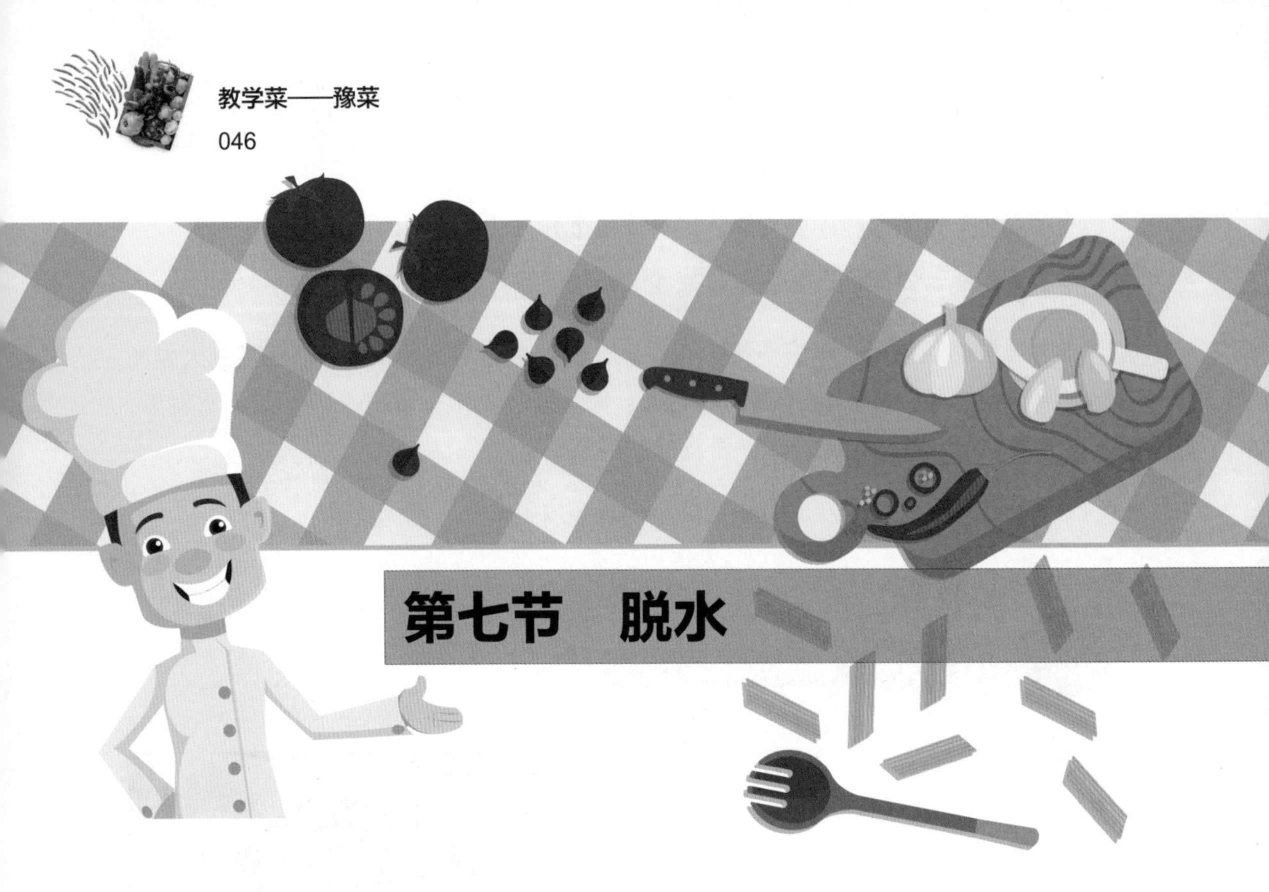

第七节　脱水

脱水又称松，是指将无骨、无皮、无筋的原料经初加工后，根据原料不同的性质，分别进行蒸、油炸、焙炒等，然后进行挤压、揉搓，促使原料脱水干燥，原料酥松、脆香的一种烹制方法。脱水类菜肴多使用瘦肉、鱼、蛋、薯、绿叶蔬菜等原料。常用的脱水方法有以下两种。

（1）焙炒脱水：原料先经蒸制或煮烂后，加工成丝或茸状，再炒干或烘烤干，如肉松的加工多采用此法。

（2）过油脱水：将原料切成细丝，油炸至酥脆，如蛋松的加工多采用此法。

脱水菜肴的特点：色泽艳丽，酥松香脆，易于保存。

工艺流程

原料初加工→刀工→过油或焙炒→装盘点缀

工艺指导

（1）制作脱水类菜肴，刀工要细且均匀一致，以便松制，成型美观。植物性原料要脆嫩新鲜，动物性原料要剔去筋膜，割去脂肪。

（2）脱水类菜肴若脱水不足，则口感皮韧；若脱水过度，则枯焦变味。因此，在原料水分将干时一定要谨慎加工，注意火候的调节，控制油温，不能使制品焦煳变味。

（3）过油脱水要用植物油，以保证成品凉后的外观和口感。

（4）大多数脱水菜肴制成成品后再加入调味品，因干制品不吃盐分，故调味不宜过咸，要咸淡适度。

菜肴实例　土豆松

常见的“松菜”有各种肉松、蛋松。蔬菜中的松除“土豆松”外，常见的还有“胡萝卜松”“菠菜松”等，常用来点缀装饰菜品。

菜品名称	土豆松	
原料	主料	土豆 250 克
	调辅料	精盐 2 克，味精 2 克，植物油 1 000 克（实耗 100 克）
工艺流程	1. 切丝：土豆去皮洗净，切成细丝，浸泡在清水中漂清，然后捞出沥干水分 **关键点：**要切好土豆丝，首先要有扎实的刀功，片要厚薄均匀、薄而透明、不破不裂，才能切出粗细均匀的细丝。切好的土豆丝必须浸泡在清水中，泡去淀粉质后才能油炸，否则淀粉遇热凝固结团，制品焦黄不一，软脆不一 2. 过油：锅内放入植物油烧至七八成热时，将土豆丝抖散投入油锅内，用筷子拨松搅散，以防黏结。炸至土豆丝变硬疏松，迅速用漏勺捞出沥干油分，撒上精盐和味精即成 **关键点：**原料的数量与炸油的用油量要有一定比例，油热八成左右，投料油炸，油锅就不宜再加热。关火或将锅端离火口，立即投料，投料后油温自然降低，这样土豆丝也随之挥发水分，不黄不焦，乳白松脆	
成品特点	色泽淡黄，松脆酥香，不含油，不软不焦	
举一反三	用此方法将主料变化后还可以制作“胡萝卜松”“菠菜松”等菜肴	

第八节　炸收

炸收是指将清炸后的半成品入锅，掺入鲜汤，加入调味品，用中火或小火加热，使其收汁亮油、干香滋润的一种烹调方法。炸收菜肴取料广泛，鸡、鸭、鱼、虾、猪肉、排骨、牛肉、兔肉、豆制品等都可作为炸收的原料。炸收的味型多样，常见的有五香味、麻辣味、糖醋味、茄汁味、咸鲜味、咸甜味、陈皮味等。常见的炸收菜肴有“芝麻肉丝”“糖醋排骨”等。炸收菜肴的特点：色泽棕红，滋润松酥，香鲜醇厚。

工艺流程

原料选择→刀工、熟处理→着味腌渍→油炸→调味收制

工艺指导

（1）原料应选择新鲜、细嫩无筋、肉质坚实、无肥膘的肉质原料。

（2）用于炸收的原料形状以丝、条、片、丁、块为主。有些原料经刀工处理后可腌渍一下直接进行油炸；有些原料经刀工处理后须着味轻煮一下再进行油炸；还有些原料不用炸即可直接进行收制。

（3）炸收原料的着味调料主要有精盐、料酒、酱油、葱、姜等，根据原料本身的色泽和菜品要求掌握好上色调味品的用量。

（4）根据原料的质地及菜肴色泽、质感、口味的具体要求，掌握好相应的油温、火候。生料炸制应选用较高的油温和大火，熟料炸制应选用中火，菜品要求干香化渣

的，炸制的时间应稍久些。

（5）根据菜肴的要求，掌握掺汤的数量，选择火力的大小。根据调料的性能，掌握其用量和比例，做到准确调味。在汤汁收稠快成菜时，可用铲子适当翻动原料，做到汁干而不煳锅。

菜肴实例 1　五香芝麻肉条

炸收是凉菜制作常用的烹饪技法，在具体操作中要注意以下几点：第一，根据原料质地的不同，掌握好熟处理的成熟度。第二，原料炸制前只需基础调味，以略有咸度为宜。酱油等有色调味品的用量不宜大，以防炸制时上色太重。第三，炸制用油只能用植物油，炸制时上色不宜重，因为收汁时色泽会自然加重。第四，收汁时火力要小，火力过大会使汤汁中的蛋白质和脂肪因沸腾而变混浊，进而导致煳锅。

菜品名称	五香芝麻肉条	
原料	主料	猪肉 500 克
	调辅料	精盐 5 克，料酒 25 克，葱段 20 克，生姜 10 克，八角 1 粒，白糖 5 克，味精 2 克，糖色适量，熟芝麻 50 克，辣椒面 10 克，芝麻香油 10 克，鲜汤 500 克，花生油 1 000 克（约耗 150 克）
工艺流程	1. 原料加工切配：将猪肉（猪盖板肉或弹子肉）洗净后切成 1 ～ 1.5 厘米粗，5 ～ 7 厘米长的条 **关键点：** 肉洗净后，应斜对着筋络切成粗细均匀的条，条不能切得太粗或太细 2. 腌渍：将拍松的葱、姜和精盐、料酒与肉条拌匀，腌渍 30 分钟后，下入 30 克冷油拌匀 **关键点：** 咸度要适中。肉条要先用冷油拌匀，否则下锅油炸时不易散开 3. 油炸：锅置旺火上，放入花生油烧至四成热，下肉条炸至外酥里嫩时捞出，待油温回升至七成热时再入锅复炸至浅红色捞出，拣去葱和姜 **关键点：** 油炸时油温不宜过高，肉条不宜炸得过干	

续表

菜品名称	五香芝麻肉条
工艺流程	4. 收制成菜：净锅放入炸好的肉条，加入鲜汤烧沸，撇去油沫，加入葱段、姜块、精盐、白糖、八角、糖色，使汤汁呈浅红色。用中小火收至汤汁快干时放入味精、芝麻香油略收一下起锅，晾凉后撒上辣椒面、熟芝麻拌匀即成 **关键点：**收制时加汤要适量，收汁时间不宜过长
成品特点	干香滋润，咸甜微辣
举一反三	用此方法将主料变化后还可以制作“芝麻腐竹”“五香面筋”“五香鱼”等菜肴

菜肴实例 2　五香带鱼

五香原指烹调食物时所用茴香、花椒、八角、桂皮、丁香五种主要香料，后演变成为一种味型，即凡用到这些香料去腥增香的菜肴均冠以“五香”之名，如“五香肉干”“五香兔肉”“五香鱼”等。带鱼为高脂鱼类，含蛋白质、脂肪、维生素 B_1、维生素 B_2 和烟酸、钙、磷、铁、碘等多种营养成分，具有补脾益气，益血补虚等食疗功效。

菜品名称	五香带鱼	
原料	主料	带鱼 1 000 克
	调辅料	植物油 1 000 克，香油、酱油各 40 克，白糖 50 克，醋 25 克，精盐、味精各 3 克，料酒 10 克，五香粉 4 克，胡椒粉 1 克，八角、桂皮各 5 克，葱段、姜片各 20 克，鲜汤适量
工艺流程	1. 原料加工切配：将带鱼剁去头尾，开膛去内脏，洗净后用刀剁成 6 厘米长的段 **关键点：**带鱼要刮净腹内黑膜，清洗干净，初加工时可不刮鳞 2. 腌渍：将带鱼段放入盆内，加入精盐、料酒、胡椒粉、葱段、姜片拌匀，腌渍 2 小时左右 **关键点：**着味咸度要适中 3. 油炸：油锅烧至七八成热时，把带鱼段分几次下入锅内，炸至金黄色、外皮发硬时捞出 **关键点：**带鱼段下锅后不要马上搅动，否则鱼段容易粘勺碎烂	

续表

菜品名称	五香带鱼
工艺流程	4. 收制成菜：锅内放少许底油，下入桂皮、八角、葱段、姜片炸出香味，再加入料酒、精盐、酱油、白糖、醋，投入炸好的带鱼段，添入适量鲜汤，旺火烧开后，转微火烧 10 分钟，锅内加入五香粉、味精，旺火把汁收浓，淋入香油即成 **关键点：**收制时加汤要适量，收汁时间不宜过长
成品特点	色泽橙红，肉嫩骨酥，口味醇厚
举一反三	用此方法将主料变化后还可以制作“葱酥鲫鱼”“五香肉干”等菜肴

第九节　腌腊

腌腊是指将新鲜的动物性原料加足调味品拌匀腌透，取出晾挂于通风处，进行晾晒、烘烤、烟熏，然后放在通风处吹干，食用时再经蒸、煮成菜的一种烹制方法。腌腊是我国传统的肉类加工方法，由于多在农历腊月制作，故有此名。腌腊制品的原料以禽、畜及其内脏和鱼为多。常用的调料有精盐、酱油、白糖、白酒、花椒、八角、胡椒粉、硝等。腌腊菜肴的特点：具有特殊的风味，口味干香筋爽，且易于储存。

工艺流程

原料加工→腌制→风干→熏制→熟处理→装盘成菜

工艺指导

选用新鲜的动物性原料，初加工成易于入味的形状，调味品要求下足量，拌匀腌制时间要够，且中途要翻动数次，以使调味料均匀地渗入原料中。用小绳串好晾挂到通风处风干，也可烘烤至干。不同原料品种的腌腊制品有着不同的制作要求，但总的要求是质干、色新、味香。

菜肴实例 腊鸡腿

我国农历十二月民间称为腊月，腌腊制品多选在这一时段制作，一是天气寒冷，原料不易腐败变质；二是临近年关，腌腊制品正好在年关食用。常见的腌腊制品主要有腊鸡、腊肉、腊鱼等。清代李斗《扬州画舫录·草河录上》："以盐渍鱼，纳有楅室，糗乾成薨，载入郡城，谓之腌腊。"

菜品名称		腊鸡腿
原料	主料	三黄鸡大腿 20 只
	调辅料	精盐 350 克，硝 3 克，白酒 50 克，白糖 50 克，熏料 1 000 克左右
工艺流程		1. 腌渍：将鸡腿洗净，沥干水分。将精盐、硝、白糖混合在一起，均匀地擦到每只鸡腿上，放入腌缸内，淋上白酒，腌渍 2 ~ 3 天后即可翻缸，翻缸后再腌渍 2 ~ 3 天即可出缸 **关键点：**选用的鸡腿要大小均匀，皮层有油者为佳。腌渍时要压缸，要把鸡腿整好形再压 2. 风干熏制：用清水洗净鸡腿皮上的沫，用麻绳将鸡腿吊牢悬挂于竹竿上，置于通风处晾干。将晾干的鸡腿用熏料熏，熏后再晾几天使其干硬 **关键点：**熏制时要严格控制火候和掌握熏制的时间，不能有明火，时间不宜过长，6 分钟左右即可 3. 熟制装盘：食用时洗净鸡腿，上笼蒸 30 分钟，取出改刀装盘即成 **关键点：**改刀装盘时鸡腿要完整，形态要美观
成品特点		鸡皮蜡黄，鸡肉红亮，腊香味浓
举一反三		用此方法将主料变化后还可以制作"腊鸭腿""腊兔腿""腊肉"等菜肴

第十节　挂霜

挂霜是指将经过油炸等初步熟处理的半成品，裹上一层糖粉霜成菜的烹调方法。挂霜适用于加工核桃仁、花生仁、银杏、馒头、熟猪肥膘等原料。挂霜菜肴的特点：色泽洁白，甜香酥脆。

工艺流程

原料挂糊或不挂糊油炸→熬糖→裹糖浆翻砂出霜装盘

工艺指导

挂霜的关键工艺是熬糖，使用的糖与水比例一般为 3∶1，原料与糖液的比例为 1.5∶1。在熬糖时注意火力的控制，火力不宜大，要小而集中。检验熬糖的方法是用手铲撩起糖液，糖液下滴时呈现连绵的透明片、丝状，即达到了挂霜程度。蜂蜜可用可不用，稍放一点蜂蜜，口感好，但控制不好不容易翻砂。

菜肴实例　挂霜花生

挂霜是利用糖重新结晶的原理制作菜肴，主要用料有白糖、蜂蜜等。若制作“怪味型”菜肴，还要用到辣椒面、花椒面、柠檬酸、盐等。

<table>
<tr><th>菜品名称</th><th colspan="2">挂霜花生</th></tr>
<tr><td rowspan="2">原料</td><td>主料</td><td>生花生米 250 克</td></tr>
<tr><td>调辅料</td><td>绵白糖 200 克，蜂蜜 10 克，植物油 1 000 克</td></tr>
<tr><td>工艺流程</td><td colspan="2">1. 原料油炸：净锅倒入植物油和花生米，用小火加热使油温逐渐升高，并不断翻炒花生米。当花生米发出“噼啪”声并变色时，取出一粒花生米尝一下，如已断生味且有香气散出，则迅速捞出沥油，倒入不锈钢容器中晾凉
关键点：要将油与花生米一起放入锅中，再放到火上加热，使其受热均匀，可使花生米香脆、质松可口
2. 熬糖：净锅加清水、下白糖，小火熬至浓稠。用手铲撩起糖液，糖液下滴时呈连绵透明的片或丝状，可稍放入一点蜂蜜，端锅离火，将糖汁倒入盛装花生米的容器中
关键点：熬糖汁时火力不可过大，糖液不能熬得太老或太嫩。若太嫩不易翻砂，可撒些糖粉补救
3. 裹糖出霜：用手铲不断翻拌裹糖，使糖液均匀裹在炸好的花生米表面，逐渐变白翻砂
关键点：要不停地翻拌摩擦才容易出霜。天热时不易翻砂出霜，可边吹电扇边翻拌出霜
4. 装盘：待糖液冷却翻砂后装盘即成
关键点：挂霜类菜肴易返潮，不宜长时间存放，制作好后应及时食用</td></tr>
<tr><td>成品特点</td><td colspan="2">色泽洁白，甜香酥脆</td></tr>
<tr><td>举一反三</td><td colspan="2">用此方法将主料变化后还可以制作“糖粘羊尾”“霜打丸子”“挂霜腰果”“怪味花生”等菜肴</td></tr>
</table>

第十一节　琉璃

琉璃技法类似于热菜制作中的拔丝技法，是指将原料裹上炒好的糖浆后迅速用筷子拨开晾凉。因晾凉的原料集拢时相互碰撞有“呼啦呼啦”的响声，且色泽金黄好似一块块琉璃，故得此名。拔丝菜肴是热制热吃，琉璃菜肴是热制冷吃。常见的琉璃菜肴有“琉璃馍”“琉璃藕”“琉璃桃仁”等。琉璃菜肴的特点：焦香酥脆，滋味甜美，有琉璃光泽。

工艺流程

原料油炸 → 炒糖 → 裹糖浆晾凉装盘

工艺指导

制作琉璃菜肴的原料要炸得干而不焦，炸到水分基本拔干但不焦煳，所以炸到原料水分快干时要控制火力，小火慢炸。炒糖时要小火慢炒，以防糖过早焦化。原料粘裹糖浆后要迅速拨开。

菜肴实例 1　琉璃藕

藕性甘凉，入胃可消瘀凉血，清烦热，止呕渴。“琉璃藕”也称“玻璃藕”，是甜

菜的一种，成菜明光发亮，状如玻璃，食之外脆里筋，藕香味甜。

菜品名称	琉璃藕	
原料	主料	粗壮肥藕 500 克
	调辅料	白糖 150 克，植物油适量
工艺流程	1. 原料油炸：将藕皮削去，一破两半，顶刀切成 0.5 厘米的厚片。热锅下油，烧至六成热时，把藕片放入炸至淡黄色、水分将干时捞出 **关键点：**藕不能切得太薄。炸藕时颜色越浅越好，炸到水分基本快干时改用小火，以防焦煳 2. 熬糖裹糖：锅放火上，下少许植物油，润锅后把油倒出，放入白糖，小火慢炒至糖熔化呈柿黄色，表面开始产生小针眼泡时，投入炸好的藕片，翻三四个身，让糖全部裹在藕片上，倒入抹过油的托盘内，并迅速用筷子拨开晾凉，糖脆不黏即成 **关键点：**炒制白糖时火力要小，慢火熬至糖熔化呈柿黄色，并有小针眼泡时立刻下入藕片，这时糖中水分已全部蒸发，稍一迟缓，糖就会焦化变苦 3. 装盘：藕片裹糖晾凉后装盘即成 **关键点：**琉璃类菜肴容易返潮，不宜长时间存放，制作好后应及时食用	
成品特点	焦香酥脆，滋味甜美，有琉璃光泽	
举一反三	用此方法将主料变化后还可以制作“琉璃桃仁”“琉璃红果”等菜肴	

菜肴实例 2　水激馍

“水激馍”原名“水浸馍”，因油炸之前馍要先用水浸泡，热食时为防烫嘴，要先在冷水碗中蘸一下再吃，故又称“水激馍”。相传“水激馍”源于河南商丘古城归德府，明朝时在京为官的河南商丘人沈鲤 80 岁告老还乡。皇帝巡视河南，专程到归德府看望他。席间，皇帝对“水激馍”这道菜称赞有

加。因此“水激馍”声名鹊起，流传开来。

菜品名称	水激馍	
原料	主料	馍2个
	调辅料	白糖100克，植物油1 000克（约耗70克）
工艺流程	1. 原料初加工：将馍晾干去皮，切成拇指粗细的条状，放在冷水中浸透，取出控净外表水分。将油烧至七成热，把馍条放入，炸至金黄色捞出 **关键点：**馍要选用放一两天的馒头。馍条饱含水分，为防止炸时热油溅出，可先把漏瓢放在热油锅中加热，再把浸过水的馍条放入漏瓢中，顿入油锅炸制，当油向上翻腾，马上提起漏瓢，这样来回几次，馍表面的水分可基本蒸发殆尽，再把馍条倒入锅中炸成柿黄色，外表形成硬壳即可挂糖浆 2. 熬糖裹糖、装盘成菜：净锅加入凉水，放入白糖，小火慢慢熬成稍微发黄起泡、黏稠的糖汁，把炸好的馒头条或块倒入锅里快速裹匀糖汁，出锅倒在抹过油的平盘内，用筷子拨开晾凉，装盘即可食用。此外，也可出锅直接装盘上桌，外带冷水碗蘸凉食用 **关键点：**熬糖要掌握好火候	
成品特点	色泽金黄，外焦里软，香甜可口	
举一反三	用此方法将主料变化后还可以制作“霜打馍”“琉璃馍”等菜肴	

第三章 制作灌、卷、叠压、镶嵌类凉菜

学习目标

1. 了解灌、卷、叠压、镶嵌类凉菜的制作工艺流程与特点
2. 掌握灌、卷、叠压、镶嵌类凉菜的制作技法和要领
3. 能够用灌、卷、叠压、镶嵌等技法制作各类凉菜

第一节　灌

灌是指将加工处理过的小型原料经调味后灌入筒状的皮料中，经过蒸、煮、熏等技法使之成熟的一种烹调方法。用于灌制的原料或剁成糜状，或切成小粒，再配以受热后易于冷却凝固的蛋液、血液、淀粉等辅料。常用作皮料的有肠衣、小肠、皮肚、白肚、鱿鱼筒、肥藕等。按原料的属性，灌可分为荤料灌和素料灌。灌制菜肴的特点：香鲜味醇，风味独特，形态优美。

工艺流程

选择原料→馅料加工→灌制成型→熟制晾凉→切配装盘

工艺指导

制作灌类菜肴必须选用质地新鲜的原料，严格掌握各种灌制品的配方比例和制作工艺，灌制时要防止皮料露馅，加热时掌握好火候，以防火候过大、制品爆裂。

菜肴实例　桂花糯米藕

“桂花糯米藕”又名“蜜汁糯米藕”，将糯米灌入莲藕中，配以桂花酱等精心

制作，是传统菜式中一道独具特色的中式甜品，以香甜、清脆、桂花香气浓郁而享有口碑，也是豫菜常见的甜菜品种之一。

菜品名称	桂花糯米藕	
原料	主料	老肥藕 3 000 克，糯米 200 克
	调辅料	青红丝少许，白糖、桂花糖适量
工艺流程	1. 原料初加工：将糯米淘洗干净，用水泡至能捻成粉时捞出，控净水分，摊开晾至米粒互不粘连、表皮无水为度 **关键点：**糯米要泡透 2. 灌制成型：将老肥藕洗净，斜切去一头的藕节，将泡好的糯米徐徐灌入藕筒，边灌边轻轻地蹾，至米灌满，将切掉的藕节对上口，用牙签别牢、绳扎好 **关键点：**实际操作中多从藕的中间切开，因此处藕孔大，易于灌米。灌满后要对好口，并用牙签别牢、绳扎好 3. 熟制：将灌好米的藕放入蒸笼蒸 1 小时取出，揭去表皮 **关键点：**要在灌好米的藕表面刷一层油再蒸制，以防藕变色过度。蒸时火力不要太大。也可在加工糯米藕之前先削去藕皮，这样做出的糯米藕色重 4. 切配装盘：将蒸好的糯米藕切成厚片，以马鞍桥形装在盘内。将白糖熬成糖汁浇在藕上，撒上青红丝、桂花糖点缀即成	
成品特点	色泽紫红，软糯香甜。可以热制热吃，也可以热制冷食	
举一反三	用此方法将主料变化后还可以制作“灌肠”“灌肚”“血肠”等菜肴	

第二节 卷

卷是指用薄形大片的原料作皮，卷入其他馅、丝、条、茸等小型原料，经蒸、煮等加热方法使馅料成熟，晾凉后食用的一种烹调方法。用作卷制菜肴皮料非常多，如蛋皮、千张、豆皮、海带、紫菜、菜叶、肘子、鸡腿、里脊等。卷制菜肴既可单独摆盘食用，又是花色拼盘的重要原料。卷制菜肴的特点：形状美观，鲜香清淡。

工艺流程

选料制皮 → 调馅 → 卷制成型 → 熟制晾凉 → 切配装盘

工艺指导

（1）选料要精，应选用质地鲜嫩、无异味的原料。卷制的原料一般事先都要进行腌渍调味。

（2）卷制时要卷牢、扎紧，并且粗细均匀。

（3）卷制用的馅心、茸泥要调制得稠稀适度，过稀不成型，过稠不容易卷均匀。

（4）熟制时要掌握好火力的大小和加热时间，防止火力过大或加热时间过长，使成品失去应有的嫩度。

菜肴实例1 紫菜蛋卷

紫菜是一种生长于浅海岩石上的藻类植物，呈紫色。《本草纲目》有“紫菜生南海中，附石，正青色，取而乾之，则紫色”的记载。紫菜富含蛋白质、多糖、各种氨基酸、脂肪、维生素、无机盐等营养物质。用紫菜制作蛋卷，不但营养丰富，而且色泽、纹理美观，常用于制作拼盘。

<table>
<tr><th>菜品名称</th><th colspan="2">紫菜蛋卷</th></tr>
<tr><td rowspan="2">原料</td><td>主料</td><td>鸡脯肉150克，猪肥膘肉25克，干紫菜50克</td></tr>
<tr><td>调辅料</td><td>精盐5克，味精2克，胡椒粉1克，葱姜汁60克，芝麻香油5克，鸡蛋4个，淀粉4克，鸡蛋皮1张</td></tr>
<tr><td>工艺流程</td><td colspan="2">1. 制作鸡茸泥：将鸡脯肉去筋膜洗净，猪肥膘肉去筋膜洗净，分别用刀背砸成泥放入同一碗内，加精盐打上劲起胶后加入味精、胡椒粉、葱姜汁、芝麻香油、2克淀粉、2个鸡蛋的蛋清搅拌成泥。将剩余的淀粉和另两个鸡蛋的蛋清搅匀成蛋清糊
关键点：鸡茸泥要细，搅拌至上劲，要把握好其稀稠度，太稀蒸好的蛋卷不立架、不好切，太稠不好铺糊，且蒸出来的卷太硬，口感不好
2. 卷制成型：将摊好的鸡蛋皮铺在砧板上，抹上蛋清糊，铺上一层薄薄的鸡茸泥，在鸡茸泥上面铺上一层薄薄的干紫菜，再在干紫菜上抹一层薄薄的鸡茸泥。从鸡蛋皮的两端向中间卷成如意形状，接口处抹些蛋清糊粘牢
关键点：若用海苔紫菜制作紫菜卷效果更佳
3. 熟处理、切配装盘：将卷好的如意卷用湿布卷包紧实，摆入平盘，上压重物上笼，用小火蒸10分钟至熟取出，晾凉后除去卷布，顶刀切片装盘即成
关键点：蒸紫菜卷时，紫菜卷上面要压重物，否则，蒸出来的紫菜卷形态不美。蒸时一定要用小火，中途还要放一下气，以防紫菜卷内部形成蜂窝。要待晾凉后再切片装盘，切时要把握好片的厚薄</td></tr>
<tr><td>成品特点</td><td colspan="2">切片后的花纹图案优美，好似云纹，口味鲜香</td></tr>
<tr><td>举一反三</td><td colspan="2">用此方法将主料变化后还可以制作“鸳鸯卷”“云子卷”“金银卷”等菜肴</td></tr>
</table>

菜肴实例 2　松花鸡腿

松花蛋又称皮蛋、变蛋等，口感鲜香筋爽，是中国传统风味蛋制品之一。“松花鸡腿”以鸡腿肉包裹松花蛋制作而成，色泽美观，口感独特，富有营养，是一款颇具特色的酒宴冷盘。

<table>
<tr><th>菜品名称</th><th colspan="2">松花鸡腿</th></tr>
<tr><td rowspan="2">原料</td><td>主料</td><td>鸡大腿 5 个，松花蛋 10 个</td></tr>
<tr><td>调辅料</td><td>精盐 100 克，葱段 50 克，姜块 50 克，八角 10 克，丁香 10 克，花椒 10 克，小茴香 10 克，豆蔻 10 克，料酒 50 克，白糖 100 克，生抽 50 克，芝麻香油 25 克，茶叶适量</td></tr>
<tr><td>工艺流程</td><td colspan="2">1. 选料制皮：将鸡大腿洗净，剔去腿骨，加入精盐 25 克、料酒、生抽、葱段、姜块腌渍入味。松花蛋剥去外壳洗净，切成橘子瓣形状
关键点：松花蛋溏心太稀可先蒸一下再切
2. 调制卤汤：将八角、丁香、花椒、小茴香、豆蔻用纱布袋装好扎口投入清水中烧开，再把余下的调料（白糖、茶叶除外）放入，调制成卤汤
关键点：可根据需要调整卤料内容
3. 卷制成型：将 40 厘米见方的白纱布用清水湿透铺在砧板上，把腌好的鸡腿展开平铺在白纱布上，再放入切好的松花蛋瓣卷好，用布包裹好并用绳捆扎好。如此制作 5 个鸡腿卷
关键点：每个鸡腿要卷紧实、均匀
4. 熟制：把卷好的鸡腿放入卤汤锅内，大火烧沸后改用小火卤 30 分钟取出，去掉绳子、纱布
关键点：控制好卤制时间，鸡腿卤好后要趁热去掉裹布
5. 熏制：铁锅放火上，锅底放白糖、茶叶，加箅子，放上鸡腿卷，盖上锅盖，置火上加热熏制 2 分钟，熏好后取出，表面抹上芝麻香油即成
关键点：熏制不要熏得太重
6. 切配装盘：食用时切配装盘即可
关键点：鸡腿要晾凉后再切配，否则易碎</td></tr>
<tr><td>成品特点</td><td colspan="2">色泽美观，香味浓郁，有烟熏香味</td></tr>
<tr><td>举一反三</td><td colspan="2">用此方法将主料变化后还可以制作“松仁肘子”“猪蹄卷”“风味豆卷”等菜肴</td></tr>
</table>

菜肴实例 3 卷尖

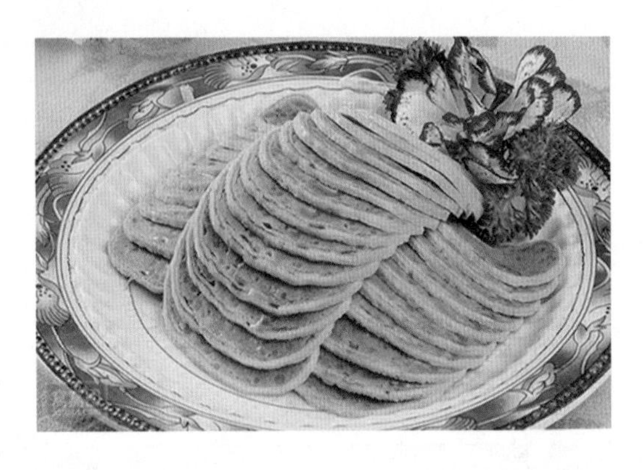

公元 960 年，赵匡胤率兵驻扎封丘陈桥驿，他的参谋赵普和其弟赵匡义授意将士们准备将黄袍加在赵匡胤身上，但又不知赵匡胤是否愿意。于是赵普便命厨师用鸡蛋皮包卷猪肉馅做了一道菜送予赵匡胤。赵匡胤品尝后甚悦，问道：“此何菜？味甚美。”赵普说：“猪肉。”赵匡胤说：“猪肉为何有这般美味？”赵普说：“猪肉本是平常，但它披上黄袍就能如此美味。”赵匡胤喝酒无语。第二天一早，大将高怀德捧着黄袍，不由分说就披在了赵匡胤的身上。赵匡胤再三推辞，众人以死相胁，赵匡胤只好效仿汉刘邦约法三章，后来建立了大宋王朝。后来，封丘“卷尖”也成了御菜，流传至今，成为新乡封丘一带的传统美食。

菜品名称	卷尖	
原料	主料	五花肉 500 克
	调辅料	鸡蛋 5 个，淀粉 50 克，葱末、姜末适量，五香粉 2 克，酱油 5 克，精盐 3 克，植物油适量
工艺流程	1. 制皮、调馅： （1）将鸡蛋液、精盐、淀粉调成糊状。锅内倒少许植物油加热，将鸡蛋糊倒入，随即端锅慢慢转动，把蛋糊摊成蛋皮，煎至金黄色取出晾凉待用 （2）将五花肉去皮去筋，剁成肉泥，加入 2 个鸡蛋的蛋清，放入葱末、姜末、五香粉、酱油、精盐、少许淀粉搅匀成馅 **关键点：**控制好馅心的稀稠。肉馅中加入一定量的蛋液和粉芡，以增强馅心的黏稠度 2. 包卷、蒸制、切配装盘：将做好的肉馅放在鸡蛋皮上面，做成宽 3.5 厘米、高 2.5 厘米的长条状，长度视鸡蛋皮的直径而定。然后将蛋皮两头叠起做好封闭，均匀地卷起蛋皮成卷状，放入蒸笼用小火加热蒸熟，取出晾凉后切片装盘即成 **关键点：**蒸时火不宜大	
成品特点	味香而清爽利口，肉肥却油而不腻，一般常用作下酒菜	
举一反三	用此方法将主料变化后还可以制作“羊肉卷尖”等菜肴	

第三节　叠压

叠压是指将两种或两种以上不同颜色的原料，采用折叠或铺叠的手法，叠压加工成符合冷菜制作需要的各种形状坯料的方法。叠制菜肴的特点：坯料经刀工切制后，其料面可呈现出不同形式的横纹状、云卷状等，色调明快，层次感强，富有艺术性。

工艺流程

平铺片状原料→涂抹黏合浆料→再平铺片状原料→熟处理→加压晾凉→切配装盘

工艺指导

（1）用于叠压的原料，片要薄厚均匀、适度，太薄层次感不强，而太厚则不易成型。

（2）用于黏合的浆料要稀稠适度，涂抹均匀，厚度一致。

（3）要用平板压实，使其层次间紧实严密。

（4）定型后进行蒸制。蒸制时火力不能大，蒸制中途有时还要放一下气，以免因火过大而起泡暄发。

菜肴实例　千层脆耳

猪耳俗称猪顺风，烹饪中多用于烧、卤、酱、凉拌等烹调方法。猪耳富含蛋白质、脂肪、碳水化合物、维生素及钙、磷、铁等，具有补虚损、健脾胃、美容养颜、强身健体的功效。

<table>
<tr><th>菜品名称</th><th colspan="2">千层脆耳</th></tr>
<tr><td rowspan="2">原料</td><td>主料</td><td>猪耳朵 1 000 克</td></tr>
<tr><td>调辅料</td><td>卤汤（用花椒、八角、桂皮、丁香、砂仁、豆蔻、酱油、姜、葱、精盐、水等调制而成）3 000 克</td></tr>
<tr><td>工艺流程</td><td colspan="2">1. 原料初加工：将猪耳朵刮洗整理干净，飞水处理
关键点：猪耳初加工时要去净耳根部的残毛，清洗干净
2. 卤制成熟：将猪耳放入卤汤锅中上火卤熟
关键点：卤制时用中小火，40 分钟左右即熟
3. 叠料压制：取一平托盘，铺上几层保鲜膜，四周要大于托盘。趁热将猪耳一层层铺码在平盘上，将保鲜膜由四边向内折叠，盖住猪耳，并用牙签在上面扎十几个孔，以排出压制时产生的气体，上面压一平板，平板上面再压一重物，晾凉后揭去保鲜膜
关键点：叠压时可将猪耳根部分切去，以保证压制的猪耳层次分明。要趁热叠压，晾凉后才会粘得更紧密。保鲜膜包裹好后要排着扎些孔，放一下气，以保证猪耳压制得紧实
4. 切配装盘：打好刀口，顶刀切片，整齐装盘即成
关键点：上桌时可外带蘸汁，如红油汁、蒜泥汁等</td></tr>
<tr><td>成品特点</td><td colspan="2">切片后的花纹图案优美，好似云纹</td></tr>
<tr><td>举一反三</td><td colspan="2">用此方法将主料变化后还可以制作“千层肚”“云纹千张”等菜肴</td></tr>
</table>

第四节　镶嵌

镶也称嵌，是指将一种原料嵌入另一种原料当中，达到合二为一，从而构成一个具有一定造型的凉菜的制作方法。镶嵌菜肴的特点：色彩鲜艳，造型美观，富有艺术趣味。

工艺流程

工具准备 → 镶嵌料坯加工 → 熟处理 → 切配装盘

工艺指导

（1）无论是动物性原料还是植物性原料，用于镶嵌的原料都要加工得细碎一些。镶的原料多切成粒状、末状、茸状，嵌的原料多制成泥状、糊状。被镶嵌的原料形状较规整，类似于箱子状、袋子状、圆柱状等。

（2）镶嵌可借助小勺、餐刀等工具来完成。制作要精巧，镶的原料要颗粒均匀，嵌的茸泥要软硬稀稠适度。镶嵌好的原料有时还要借助牙签、绳子固定，以防熟制时变形。

（3）镶嵌时要填充紧密，压实、抹平。

菜肴实例　玛瑙蛋糕

三国时期曹丕同父亲曹操北征乌桓，当地人进贡玛瑙酒杯一只，曹丕见酒杯红似飞霞，通澈晶莹，曾作《玛瑙勒赋》，“玛瑙，玉属也，出自西域，文理交错，有似玛瑙，故其方人因以名之”。此菜在白蛋糕制作的基础上，嵌入松花蛋清，晶莹剔透，色彩斑斓，因此以玛瑙命名。

菜品名称	玛瑙蛋糕	
原料	主料	鸡蛋清 400 克，松花蛋 100 克
	调辅料	精盐 3 克，味精 3 克，湿淀粉 10 克，油纸 1 张
工艺流程	1. 工具准备：选一平底不锈钢托盘，用油纸或保鲜膜平铺在盘底 **关键点：**油纸或保鲜膜的作用是为了脱模，一定要铺平整，不能有缝隙 2. 料坯加工：鸡蛋清加入精盐、味精、湿淀粉，用手抓均匀，倒入托盘内，厚度为 2.5 ～ 3 厘米。松花蛋切成大小不一的小块，均匀地撒入鸡蛋清中 **关键点：**鸡蛋一定要选新鲜的。要加湿淀粉以增加蛋糕的韧性，但用量不宜多，否则影响蛋糕的口感。搅鸡蛋清要用手抓，不能用筷子抽打，以免发泡 3. 熟处理：将托盘放入蒸笼，用小火蒸至鸡蛋清凝结熟透，取出晾凉，覆扣在砧板上 **关键点：**蒸时一定要用小火，中途还要放一放气，以免蒸发泡、蒸老 4. 切配装盘：打好刀口，顶刀切片，整齐装盘即成 **关键点：**上桌时可外带蘸汁，如红油汁、蒜泥汁等	
成品特点	色如玛瑙，晶莹光亮，口感爽嫩	
举一反三	用此方法将主料变化后还可以制作“三色蛋糕”等菜肴	

第四章
制作冷拼类菜肴

学习目标

1. 了解冷拼类菜肴的制作工艺流程与特点
2. 掌握冷拼类菜肴的制作技法和要领
3. 能够制作一般拼盘、什锦拼盘、花色拼盘等各类冷拼菜肴

第一节　一般拼盘

一般拼盘是指制作难度相对简单，盘子不大或作为围碟使用的拼盘。一般拼盘主要包括单拼、双拼、三拼、四拼、五拼等，制作过程包括垫底、复边、盖面、点缀衬托几个步骤。一般拼盘按形态可分为自然形、馒头形、马鞍形、风车形、合掌形、扇面形、螺丝形、象眼形、官印形、花朵形、柴垛形、阶梯形、宝塔形、高桩形等形状。一般拼盘的特点：便于取料制作，造型简单美观，色彩鲜明，富有艺术趣味。

工艺流程

选料→切配→垫底→覆边→盖面→点缀→衬托

工艺指导

（1）要干净卫生。热菜的加工过程是先初加工再烹调，而冷菜是先烹调再刀切，装盘前不再进行加热，装盘后直接上桌食用。因此，冷菜在加工，装盘过程中一定要严格遵守卫生要求：冷菜制作所用的各种盛器、刀具、抹布要清洁卫生、认真消毒；切配要生熟分开；冰箱存放要生熟隔离；严禁使用不新鲜、不洁净的原料；操作者要养成良好的个人卫生习惯；搞好环境卫生等。

（2）盛器要协调。美食配美器，冷盘拼摆的艺术性很大程度上由盛器所决定。因此，盛器的大小、色彩、形状要配套，以烘托、突出菜肴特点。

（3）要有较高的食用价值。食品造型的基本原则是“食用为主，口味为先”，不能为强调冷拼的艺术性和欣赏性而削弱其食用价值。

（4）要节约用料。为了拼摆出一定的形状或图案，切配时不可避免地会产生一些边角料，这些边角料或垫底，或改刀另作他用，不能一弃了之。

（5）硬面与软面要很好地结合。硬面就是原料经刀工处理后的形状能够整齐排列，如片、条、块等。软面就是原料经刀工处理后的形状不太容易形成有节奏感的表面，如丝、末、粒、茸等。例如，制作“盐水虾拼木瓜丝”拼盘，虾作为硬面摆在盘边一圈，木瓜丝作为软面自然堆砌于盘中，软硬搭配，相得益彰。

（6）拼摆的花样和形式要富于变化。一桌筵席有多个凉菜，拼摆时刀工上可丝、可块、可条、可片等；材料上可以硬面，也可以软面，或软硬结合；手法上可以排、围、堆、叠，或摆成各种图案，要形象生动，富于变化。

（7）要防止串味。在制作双拼、三拼等拼盘时，要防止原料之间串味。

（8）要注意颜色的配合与映衬。原料的颜色要明暗搭配、冷暖搭配。从色性上来讲，红、橙、黄、白等为暖色调，绿、紫、蓝、黑等为冷色调。发白、发亮的原料明度高，发黑、色暗的原料明度低。将冷暖对比、明暗对比强烈的原料拼配在一起，鲜艳夺目，让人心旷神怡。

（9）荤素拼配，注重营养。肉、虾等荤料一般含蛋白质、脂肪多一些，蔬菜等素料含维生素多一些，荤素拼配在一起，不但色彩悦目，而且营养合理。

常见一般拼盘的形态见下表。

常见一般拼盘形态

名称	彩图	主要材料	器具
三叠水形单拼		胡萝卜等	围碟

续表

名称	彩图	主要材料	器具
牡丹花形单拼		象牙白萝卜等	围碟
馒头盘双拼		白萝卜、胡萝卜等	围碟
扣盘双拼		白萝卜、胡萝卜等	围碟
花朵形双拼		白萝卜、胡萝卜等	围碟

续表

名称	彩图	主要材料	器具
合掌形双拼		虾仁、西芹	腰盘
三色拼盘		白萝卜、胡萝卜、黄瓜等	33 厘米圆盘

第二节 什锦拼盘

什锦拼盘是指将多种不同的凉菜原料，经过一定的初加工处理，按照特定的要求，整齐地拼装在同一盘中的一类艺术拼盘。什锦拼盘要有一定的几何形状或图案，造型美观大方，色彩鲜艳协调，刀工精巧细腻，选料丰富多样，口味变化多样。相对于一般拼盘，什锦拼盘盘子通常不小于 40 厘米，造型更加美观，色彩更加鲜明，艺术趣味更强。

工艺流程

选料→加工切配→垫底→覆面→点缀

工艺指导

（1）选料。按要求选好原料后再进行加工，尽量使用原料的自然形态和色彩，如黑色的香菇、发菜，红色的盐水虾、番茄，棕色的酱牛肉、卤肝，白色的白蛋糕、象牙白萝卜，黄色的黄蛋糕、南瓜等。

（2）加工切配。对图案有特殊要求的原料，须事先进行加工、雕刻等处理，如“宝塔什锦”要提前将宝塔雕刻好，这样在正式拼制时就可有条不紊地进行。什锦拼盘更注重刀工，片要薄厚均匀、大小相等，拼装时要注意荤素搭配、色彩鲜明。

（3）垫底。垫底一定要打好，不能高低不平，否则不好覆面。

（4）覆面。覆面时片与片之间要排列整齐、错落有致，要将刀工美充分地体现出来。

（5）点缀修饰。拼盘拼好后，在适当的位置要点缀些饰品或对某些不恰当的部位做适当修整，使整个拼盘更加完美。

常见什锦拼盘的形态见下表。

常见什锦拼盘形态

名称	彩图	主要材料	器具
玫瑰什锦		心里美萝卜、象牙白萝卜、胡萝卜、青萝卜、白蛋糕等	40厘米圆盘
五星什锦		心里美萝卜、象牙白萝卜、胡萝卜、青萝卜、黄瓜等	40厘米圆盘
花叶什锦		黄瓜、黄蛋糕、酱牛肉、酱胡萝卜、午餐肉、樱桃番茄、目鱼花等	47厘米圆盘
鸳鸯什锦		黄瓜、黄蛋糕、白蛋糕、酱牛肉、酱胡萝卜、青椒、琼脂、色素等	47厘米圆盘

续表

名称	彩图	主要材料	器具
宝塔什锦		蟹柳、黄瓜、黄蛋糕、酱牛肉、午餐肉、白蛋糕、盐水虾、菜松、象牙白萝卜、南瓜等	47厘米圆盘

第三节　花色拼盘

花色拼盘又称艺术拼盘、象形冷盘，是指将多种凉菜原料，使用不同的刀法和拼摆手法，运用一些技巧拼摆成各种美丽图案的一类拼盘。花色拼盘集艺术性与食用性于一体，其制作方法与一般拼盘有相同之处，也是先垫底、再盖面，但由于拼摆的图案具有一定的含义，拼摆更为复杂，因此在制作手法上比一般冷拼难度大得多，其步骤包括：构思、选料、预加工、拼制底坯、拼摆成型、点缀修饰等。花色拼盘的特点：相对于一般拼盘、什锦拼盘而言，花色拼盘构图新颖，形态逼真，色彩悦目，层次分明，艺术趣味性更强，内涵更加丰富。

工艺流程

构思→选料→预刀工→拼制底坯→拼摆成型→点缀修饰

工艺指导

（1）构思。构思是花色拼盘的初步设想，应根据筵席的特点和宾客的要求，确定拼摆的名称和图案，力求形象生动、逼真。

（2）选料。根据构思好的图案要求，选择相应颜色和质地的原料，尽量使用原料的自然形态和色彩，如黑色的香菇、发菜，红色的盐水虾、番茄，棕色的酱牛肉、卤肝，白色的白蛋糕、象牙白萝卜，黄色的黄蛋糕、南瓜等，按要求选好料后再进行加工。

（3）预刀工。对图案中有特殊要求的原料，须事先进行加工、雕刻等处理。例如，制作“孔雀开屏”，就要事先打琼脂底、制作紫菜蛋卷、雕刻孔雀头等，这样在正式制作时就可有条不紊地进行。

（4）拼制底坯。将一些细小、质软的冷菜原料，如鸡丝、肉松、蛋松等制成底坯，布局摆放在各自的位置。

（5）拼摆成型。把不同颜色、质地的原料加工成符合图案要求的形象，分部位拼成一个整体。拼摆时，可以先在菜墩上按顺序摆好，再用刀铲起码放在盘中的底坯上，也可以把加工好的原料按要求拼贴在盘内的底坯上。

（6）点缀修饰。拼盘主体拼好后，再在适当的位置点缀些装饰品或对某些不恰当的部位做适当的修整，使整个拼盘更加完美。例如，“飞燕迎春”的主体拼好后，在下面空隙处摆些香菜作为小草，再在上面空隙处摆放用黄瓜皮制成的柳叶，可使整个拼盘显得更有生机。

几种花色拼盘的常见形态见下表。

花色拼盘常见形态

名称	彩图	主要材料	器具
锦鸡		白萝卜、心里美萝卜、胡萝卜、黄瓜、酱牛肉、黄白蛋糕、紫菜蛋卷、酱胡萝卜等	47厘米圆盘
南海风光		黄瓜、芥疙瘩咸菜、南瓜、心里美萝卜、胡萝卜、黄瓜、西兰花、紫菜蛋卷等	47厘米圆盘

续表

名称	彩图	主要材料	器具
孔雀开屏		胡萝卜、南瓜头、象牙白萝卜、黄瓜、青萝卜、芥疙瘩咸菜、樱桃番茄等	47 厘米圆盘
湖光山色		琼脂、黄白蛋糕、酱牛肉、卤猪肝、午餐肉、腊肠、黄瓜、西兰花、大青椒、盐水虾、紫菜蛋卷等	47 厘米圆盘
蝶恋花		黄瓜、象牙白萝卜、黄白蛋糕、酱牛肉、西兰花、午餐肉、盐水虾、樱桃番茄、绿缨子等	47 厘米圆盘
神仙鱼		猪肝、紫菜蛋卷、黄白蛋糕、黄瓜、胡萝卜、酱牛肉等	47 厘米圆盘

续表

名称	彩图	主要材料	器具
雄鹰展翅		青萝卜、胡萝卜、象牙萝卜、南瓜	47厘米圆盘
花篮		紫菜蛋卷、白蛋糕、胡萝卜、白萝卜、心里美萝卜、蛋黄卷、西芹叶、火腿肠、小番茄、蒜薹	47厘米圆盘
哺育		鸡蛋、鹌鹑蛋、椰茸、火腿肠、腊肠、黄白蛋糕、酱胡萝卜、紫茄子皮、松花火腿、紫菜蛋卷、黄瓜、胡萝卜、鲜红椒、石榴籽等	47厘米圆盘

第五章
制作炸、炒、熘、爆类菜肴

学习目标

1. 了解炸、炒、熘、爆类菜肴的制作工艺流程与特点
2. 掌握炸、炒、熘、爆类菜肴的制作方法及要领
3. 学会用炸、炒、熘、爆的方法制作各种菜肴

第一节 炸

炸是指将经过刀工处理的原料先用调味品腌渍，再经挂糊或不挂糊，放入较多的油中加热至熟的烹调方法。根据炸类菜肴成品的特点，炸可分为清炸、干炸、软炸、酥炸、脆炸、香炸、暄炸、卷包炸等。炸类菜肴的特点：风味各有特色，有的外酥里嫩，有的外松里糯，也有的外酥脆里松软等。

一、清炸

清炸是指将可食的生料经刀工处理后，不经挂糊上浆，只用调味品腌渍码味，直接放入油锅中用旺火热油进行加热，使之成熟成菜的炸制方法。清炸菜肴的特点：色泽金黄，外香脆、里鲜嫩。

工艺流程

原料初加工→刀工成型→腌渍码味→炸制成菜

工艺指导

（1）原料刀工处理。适宜清炸的原料刀工成型的方法主要是花刀型和整形。

（2）掌握好码味的时间和调味品数量。一般不用或少用含糖分和色泽较深的调味品，以防炸制后原料颜色发黑。

（3）根据原料形态的不同，要分别掌握好油温。花刀型原料一般要炸两次，第一次炸时间略长、油温稍低，第二次复炸时间较短、油温稍高。整形原料多通过顿火，采用间隔炸。

菜肴实例 1　都炸荔枝胗

“都炸”是河南方言，在烹饪技法中叫“清炸”或“净炸”，是指原料不经过挂糊、上浆等“着衣”处理，腌渍码味后直接下入油锅中炸至成熟的一种技法。

菜品名称	都炸荔枝胗	
原料	主料	鸡胗 350 克
	调辅料	酱油 5 克，盐水 3 克，绍酒 3 克，味精 3 克，花椒盐 2 克，熟植物油 1 000 克（约耗 50 克）
工艺流程	1. 原料初加工、腌渍：把鸡胗抠去里外皮，解成荔枝形花刀。加入盐水、绍酒、味精、酱油码一下味，搌干水分 **关键点：** 鸡胗抠皮时里皮不宜抠得太净，可稍留一点点白筋，否则所解花刀不容易爆开，但白筋又不能留得太多，否则嚼不烂，影响口感。用立刀或坡刀交叉地将鸡胗解成十字或菱形花纹，刀口要均匀，深浅要适度 2. 炸制：炒锅置旺火上，加入植物油烧至七八成热，下入原料，待炸透时立即捞出。等油温再升至七八成热时，再下锅“激一下”，捞入盘内即成 **关键点：** 要掌握好火候，控制好油温，保持菜肴质地脆嫩 3. 调味装盘：将花椒盐盛入小碟随菜上桌供蘸食 **关键点：** 花椒盐要注意盐和花椒的比例	
成品特点	形似荔枝，脆嫩利口	
举一反三	用此方法将刀工变化后还可以炸制“炸都胗”“炸槟榔胗”等菜肴	

菜肴实例2　中牟蒜香鸡翅

河南盛产大蒜，尤以中牟大蒜最为出名。中牟大蒜不但个头大，而且蒜味足。大蒜在烹调中有去腥解腻、增香提鲜的作用。烹制此菜以中牟大蒜为主要调味料，以正阳三黄鸡的中翅为主料，成菜后鸡翅金黄、蒜香浓郁、外焦里嫩。

<table>
<tr><th>菜品名称</th><th colspan="2">中牟蒜香鸡翅</th></tr>
<tr><td rowspan="2">原料</td><td>主料</td><td>鸡中翅 400 克</td></tr>
<tr><td>调辅料</td><td>中牟大蒜 2 头，精盐 4 克，味精 3 克，葱 6 克，姜 4 克，料酒 10 克，熟植物油 1 000 克（约耗 50 克）</td></tr>
<tr><td>工艺流程</td><td colspan="2">1. 原料初加工、腌渍：
（1）将大蒜去皮、清洗干净，捣成蒜茸。鸡中翅清洗干净，立刀在上面解一字形刀纹。葱、姜切块用刀拍松
（2）将鸡中翅放入盆内，加入蒜茸、精盐、味精、料酒、葱、姜拌匀，腌渍 6 小时
关键点：解刀纹是为了便于入味。在腌渍时也可再加一些豆腐乳汁，使其更有滋味
2. 炸制成菜：将码好味的鸡中翅去除葱、姜、蒜等，轻轻揾干表面水分，下入五成热的油锅中，炸至色泽微黄时捞出，待油温升至七成热时将鸡中翅再放入油锅中复炸至熟，捞出装盘即成
关键点：鸡中翅炸至成熟需要 7 ～ 8 分钟，所以要掌握好火候，控制好油温是关键。为保持鸡中翅内部的水分，可稍挂一点薄糊</td></tr>
<tr><td>成品特点</td><td colspan="2">鸡翅外焦里嫩，色泽金黄明亮，蒜香浓郁</td></tr>
<tr><td>举一反三</td><td colspan="2">用此方法将主料变化后还可以炸制“蒜香排骨”“蒜香鸡”等菜肴</td></tr>
</table>

二、干炸

干炸是指先将原料用调味品腌渍，再经拍粉或挂糊后下入油锅炸至成熟的一种炸制方法。干炸菜肴的特点：外酥脆、里鲜嫩，色泽金黄。

工艺流程

选择原料→刀工处理成型→腌渍码味→挂糊或拍粉→炸制成菜

工艺指导

（1）原料码味要均匀，腌渍入味后才能拍粉或挂糊油炸。拍粉要均匀，挂糊要包裹住原料，这样炸时不影响成品质量，而且形状美观。

（2）掌握好油温，油温一般控制在六成至八成热，对于形状较大的原料炸制时间要长一些，使其充分油浸成熟，防止出现外焦里生现象，对于形状较小的原料，炸制时间不能过长，否则有损成品质感。

菜肴实例1　樱桃丸子

做丸子类菜肴很能体现厨师的功夫。原料的配比、馅糊的稀稠、挤丸子时两手的配合，或水汆或油炸，丸子下锅时火候的大小、油温的高低等，每一个环节都影响着菜肴的质量。

豫菜的丸子类菜肴比比皆是，如“抓炸丸子”“核桃丸子”“珍珠丸子”“汆丸子”“四喜丸子”“盐煎丸子”“真煎丸子”等。先挤成丸子再压扁了做菜称作“饼”，如“高丽鸡饼”“煎虾饼”“煎耦饼”等。小丸子取其形称作“樱桃丸子”，大丸子取其“势”，称作“狮子头”等。

菜品名称	樱桃丸子	
原料	主料	猪肥瘦肉300克，猪肥膘肉50克，去皮熟山药50克
	调辅料	鸡蛋1个，精盐4克，料酒10克，味精4克，湿淀粉10克，姜末3克，植物油500克（实耗50克），花椒盐适量

续表

菜品名称	樱桃丸子
工艺流程	1. 调制肉馅：将去皮熟山药压成山药泥。将猪肥膘肉煮熟晾凉，切成米粒状。将猪肥瘦肉剁成米粒状茸泥，放入海碗内，加入鸡蛋、湿淀粉、精盐、料酒、味精、姜末，用手搅拌均匀至上劲 **关键点：**猪肥瘦肉的比例是肥三瘦七。猪肥膘肉选用猪背部位的为佳。猪肉馅不宜剁得过细，调味不宜过重，搅馅时一定要搅上劲 2. 炸制：锅里放入植物油烧至六成热时，用手将肉馅挤成比核桃稍小的丸子下锅，先下在锅的外圈，再下在锅的中间，炸熟捞出。待油温升至六七成热时再将丸子复炸一下即成 **关键点：**也可准备一个盘子，盘上撒些干淀粉，先将丸子放在干淀粉上面，然后滚一下，使其粘上一层淀粉再下锅油炸，这样丸子外皮更加酥脆。注意控制油温，丸子下锅时油温不可过高。丸子下锅后要待其结壳强皮，再把粘在一起的用漏勺抖散 3. 装盘成菜：将炸好的丸子盛入盘内，走菜时外带花椒盐上桌 **关键点：**花椒盐可外带也可撒在炸好的丸子上
成品特点	柿红色，外焦里嫩，形如樱桃，花椒盐味
举一反三	可炒糖醋汁随丸子上桌，或炒好糖醋汁放入樱桃丸子翻身盛入盘内，即为“炸熘樱桃丸子”

菜肴实例 2　炸核桃腰

“炸核桃腰”是刀工、火功兼备的传统菜肴。首先要解花刀，须立刀解十字花刀，要求深浅一致、刀距均匀、刀法精湛；其次是炸，要求油温、火候恰到好处，否则炸制时容易非生即老，不是在盘中出血，便是老得不易咀嚼。二者结合得好，腰块蜷缩成圆形，刀口绽开成核桃状，故名“核桃腰”。

<table>
<tr><th>菜品名称</th><th colspan="2">炸核桃腰</th></tr>
<tr><td rowspan="2">原料</td><td>主料</td><td>鲜猪腰 2 对</td></tr>
<tr><td>调辅料</td><td>葱段、姜片各 5 克，鸡蛋半个，湿淀粉 10 克，味精、精盐、料酒少许，花生油 1 000 克（实耗 50 克），花椒盐适量</td></tr>
<tr><td>工艺流程</td><td colspan="2">1. 腰子切配上浆：将猪腰子洗净，撕去外皮，用平刀法从中间片开，再片去腰臊，光面向上，用立刀解成十字花纹，刀口 4/5 深，再切成 4 厘米见方的块，洗净、搌干水分。用精盐、料酒、味精、葱段、姜片腌渍码味 5 分钟。然后，搌干水分，放入用鸡蛋、湿淀粉制成的薄糊内，用手抓匀
关键点：原料要新鲜，最好用浅色腰子。片开的腰子刀口要平整，腰臊不必挖太净，留有少许白筋，加热收缩花纹容易爆开。解刀时刀距要均匀，深度要一致。糊不可多，挂糊前要搌干水分。抓拌动作要轻，挂上薄糊即可
2. 炸制成菜：锅置旺火上，放入花生油至八九成热时，将腰块撒开下入锅内，炸至腰块蜷缩成核桃形时捞出，待油温升至九成热时再将腰块下入锅内复炸后捞入盘内。上桌时外带花椒盐即成
关键点：炸腰块时油温要高、时间要短，五六秒钟即可。复炸要快，炸的时间稍长质地就会发柴发老，时间短了易出血水</td></tr>
<tr><td>成品特点</td><td colspan="2">形如核桃，椒香诱人，脆嫩利口</td></tr>
<tr><td>举一反三</td><td colspan="2">用此方法还可以炸制“炸麦穗腰”等菜肴</td></tr>
</table>

菜肴实例 3　炸八块

“炸八块”又名“八块鸡”，是开封的传统名菜。过去的开封菜馆有句“干搂炸酱不要芡，一只鸡子剁八瓣”的响堂报菜语，它的后半句就是指“炸八块”。有文献记载，当年鲁迅先生在上海的“河南饭店”就餐，“炸八块”便是其爱吃的四道菜品之一。此菜是用秋末小公鸡的两腿四块和鸡膀连脯四块共计八块烹制而成，故名“炸八块”。

菜品名称	炸八块	
原料	主料	净仔鸡（约 750 克）
	调辅料	精盐 20 克，料酒 10 克，酱油 15 克，姜汁 8 克，味精 4 克，花椒盐 10 克，辣酱油 20 克，花生油 1 000 克（实耗 100 克）
工艺流程	1. 原料初加工：将经过初步加工的仔鸡洗净，去除头颈和内脏，将鸡身一破两开。左手抓住鸡爪骨、鸡皮向下，右手用刀尖由元骨下面开刀，顺着腿骨划开，再从二节内下面把骨截断掀起。前膀先把肩骨筋割断，再顺膀骨把肉划开，把膀由上节骨下截断、掀起，连在鸡脯上。再掀起双骨把膀上的肉带在双肩上。用此法将两个鸡腿和两个鸡膀（连脯肉）加工成八块，放入盆内 **关键点：**选用肥嫩的仔鸡为原料，加工鸡块要大小一致 2. 腌渍码味：将精盐、料酒、酱油、姜汁、味精放在一起兑成汁，均匀地泼入放有鸡块的容器内，拌匀使之入味 **关键点：**鸡块码味后，下锅炸制前必须将其表面的水分搌干 3. 炸制成菜：炒锅置旺火上，下入花生油，烧至六成热时将鸡块下入，炸成柿黄色，起锅顿火，使鸡块在油中浸至肉能离骨捞出。锅再放火上，待油温升至七八成热时，将鸡块下入复炸，至色泽红亮时捞出盛在盘内。上桌时外带花椒盐或辣酱油即成 **关键点：**炸时要掌握好火候，注意顿火，以使原料内部受热成熟。若鸡稍老，表面可挂少许皮糊，以使肉质不易发柴，并增加顿火次数，使鸡块浸透，肉质鲜嫩软烂	
成品特点	色泽红亮，外脆里嫩，干湿相宜，原汁原味	
举一反三	用此方法将主料变化后还可以炸制“炸鸡块”“干炸瓦块鱼”等菜肴	

菜肴实例 4　炸鹅脖

南阳是河南省面积最大、人口最多的省辖市，“头枕伏牛，足蹬江汉，东依桐柏，西扼秦岭”，自古人杰地灵，曾孕育出张衡、张仲景、范蠡、姜子牙等历史名人，东汉光武帝刘秀发迹于南阳，诸葛亮曾隐居躬耕于此。南阳名吃众多，如南阳社旗县的“炸鹅脖”，因成菜形似鹅脖而得名。

<table>
<tr><th>菜品名称</th><th colspan="2">炸鹅脖</th></tr>
<tr><td rowspan="2">原料</td><td>主料</td><td>鲜肉馅（猪肉或羊肉馅）200克</td></tr>
<tr><td>调辅料</td><td>豆腐油皮2张，香油15克，酱油15克，料酒5克，味精1克，淀粉20克，葱15克，精盐3克，姜10克，花椒盐15克，花生油500克（实耗60克）</td></tr>
<tr><td>工艺流程</td><td colspan="2">1. 调制馅心：把葱、姜洗净，均切成末。淀粉加水适量调匀成水淀粉待用。将鲜肉馅放入小盆内，加入精盐、葱末、姜末、料酒、酱油、水淀粉、味精、香油搅拌均匀待用
关键点：滋味适中，防止味重
2. 卷包：将豆腐油皮洗净、晾干，用刀切成6.5厘米宽的长条，取用4条。将肉馅分成4份，分别抹在4条豆腐油皮上，卷成长卷，再用面粉加水调成糊，抹在豆腐油皮包粘接缝处，并包粘两头成“鹅脖”形
关键点：卷制时要封好口，以防露馅
3. 炸制成菜、改刀装盘：
（1）锅内放入花生油，烧至三四成热时，将鹅脖下入锅内，小火炸透捞出。油锅继续加热，待油温升至五六成热时，再下入鹅脖复炸，捞出控油
（2）将炸好的鹅脖改刀切成马蹄块，装盘码好，外带花椒盐上桌即成
关键点：要注意掌握好炸制时的油温</td></tr>
<tr><td>成品特点</td><td colspan="2">色泽金黄，焦香适口</td></tr>
<tr><td>举一反三</td><td colspan="2">用此方法将主料变化后还可以炸制“炸春卷”“炸馄饨”“炸菜蟒”等菜肴</td></tr>
</table>

三、软炸

软炸是指将质嫩而型小的原料，先码味后挂糊（蛋清糊、蛋黄糊或全蛋糊），再入四五成热的油锅炸至成熟的烹调方法。软炸菜肴的特点：色泽浅黄，外表酥软，鲜嫩清香。

工艺流程

选择原料→刀工处理成型→腌渍码味→挂糊→炸制成菜

工艺指导

（1）质嫩而型小的原料要经码味挂糊处理，糊的稀稠程度一般掌握在进入油锅时不流不掉，能包住原料为准，糊不宜厚。

（2）原料下锅炸制时油温不能高，以三四成热为好。

菜肴实例　软炸里脊

“软炸里脊”属传统豫菜，以猪里脊肉制作而成。猪是人类最早驯养的家畜之一。中国最早的家猪发现于河南省舞阳县贾湖古文化遗址，距今已有 9 000 年左右。古代猪是人类财富的象征，新石器时代的古墓葬中大多都有猪骨的发现。

菜品名称	软炸里脊	
原料	主料	猪里脊肉 300 克
	调辅料	淀粉 40 克，蛋黄 1 个半，酱油 5 克，精盐 5 克，料酒 10 克，味精 5 克，花椒盐 5 克，清油 1 000 克（约耗 75 克）
工艺流程	1. 原料初加工、腌渍码味、挂糊：将里脊肉片成约 1 厘米厚的片，解十字花刀（约 2/3 深），背面顺丝轻微排解一遍（或两面立刀解成十字花纹），再切成约 3 厘米长、1.5 厘米宽的条，放入凉水碗内追一下，吐净血水，搌干水分，用酱油、精盐、料酒、味精腌渍 10 分钟，然后搌干水分，放入用鸡蛋黄、淀粉制成的薄糊中叠匀 **关键点：**若无猪里脊肉也可选用猪通脊肉。挂糊要均匀且不宜过厚。因为蛋清遇热凝固后质地发脆，软炸里脊的糊只用蛋黄而不用蛋清。软炸里脊必须不稀不稠，其标准是：挂过糊的里脊块抓不起来，只能用手抄出来托着下锅 2. 炸制成菜：锅置火上，下清油烧至三四成热时，将里脊肉条抖散下入锅内炸制，炸成柿黄色时捞出抖开。油锅继续加热，待油温升至五六成热时，再迅速将里脊肉条下锅复炸，立即捞出，滗油后盛入盘内。走菜时外带花椒盐上桌 **关键点：**注意掌握好油温，原料下锅时油温不能太高，成菜才能软香鲜嫩。油太热时可及时加入一勺凉油降低油温，或将锅端离火口。原料下入锅内应有“咕嘟、咕嘟”的声音，如果是“哗、哗”的声音则说明油温高了。原料下锅后，不要马上搅动，应稍停会儿再抖散，以防其脱浆。“软炸里脊”不是以油温着色，其色泽的深浅，基本上是糊的色泽深浅。因此，制糊时应掌握酱油的用量，使其炸出来呈酱红色	
成品特点	色泽柿黄，软香可口	
举一反三	用此方法将主料变化后还可以炸制“软炸肝尖”“软炸鸡”等菜肴	

四、酥炸

酥炸也称“熟料炸”，因原料先经蒸酥或煮酥，而后或直接下锅油炸，或挂糊、拍粉后再下油锅炸而得名。酥炸也是豫菜常用的炸法之一，原料熟制后直接炸制多称之为“香酥”，如“香酥鸡”“香酥鸭子”等。原料熟制后再挂糊油炸，传统豫菜中多称之为“锅烧”，如“锅烧羊排”“锅烧糟鸡”“锅烧豆腐”“锅烧大肠”等。酥炸菜肴的特点：外香酥、里软熟。

工艺流程

原料初加工→码味→熟处理→炸制成菜

工艺指导

（1）去骨取肉或整料去骨的原料，都要符合去骨的要求，以保证菜肴质量。

（2）注意挂糊和拍粉的量，糊的稀稠和淀粉的多少要根据半成品而定。糊薄糊少会影响成菜的酥松，糊稠糊多会影响主料的口味。

（3）炸制时注意时间的控制和菜肴的形状。

菜肴实例1　香酥鸡

“香酥鸡”是一道传统菜肴，在民国时期颇为流行。烹制此菜宜选用当年的肥嫩仔鸡，从脊背开膛，浸煮后加葱、姜、八角及调料蒸烂，抹稀薄糊后再入油锅炸制，改刀装盘上席，外焦酥、里香烂，若再佐以生菜叶、甜酱，滋味更佳。

菜品名称	香酥鸡	
原料	主料	仔鸡1只（约750克）
	调辅料	精盐5克，酱油15克，淀粉30克，鸡蛋1个，葱段3个，姜1块，八角6克，熟植物油1 000克（实耗75克）

续表

菜品名称	香酥鸡
工艺流程	1. 原料初加工、腌制、蒸熟：将仔鸡宰杀，采用背开的方式取出内脏，洗涤干净，斩去翅尖、嘴尖、脚爪、小腿骨，放入沸水中“冒”透捞出，然后放入盆内，添入适量鲜汤并加入葱、姜、八角、精盐、酱油，上笼蒸烂，取出搌干水分 **关键点：**加工时鸡皮要完整，蒸制时要熟透 2. 炸制成菜：用鸡蛋、淀粉和少许酱油调成稀薄糊，将仔鸡全身均匀地抹上一层糊。待锅内油温烧至六成热时下入仔鸡，炸至柿黄色捞出，改刀装盘即成 **关键点：**调味要恰当，火候要适宜，鸡肉质烂，色泽均匀。将炸好的鸡改刀处理后摆成原形，造型要美观。可外带甜面酱、菊花葱上桌
成品特点	色泽金黄，皮酥肉烂，鲜香味美
举一反三	用此方法将主料变化后还可以炸制“香酥鸭”“锅烧鸡”等菜肴

菜肴实例 2　锅烧羊排

“锅烧羊排”是一道传统的河南清真菜肴。清真菜肴在豫菜中占有重要的地位，如“葱扒羊肉”“红焖羊肉”“羊肉烩面”“羊肉壮馍”等都是河南著名的清真名菜、名吃。至今在开封饮食博物馆还珍藏着一本具有 100 多年历史的《汴京全羊席单》，席单 128 个菜由一只羊做成，却无一类同，如“芙蓉珠”“麒麟顶”“二郎担山”“炮打襄阳”等。

菜品名称	锅烧羊排	
原料	主料	肥羊排 1 000 克
	调辅料	鸡蛋 2 个，干玉米淀粉 100 克，面粉 50 克，葱 1 根，姜 1 块，花椒 5 克，八角 5 克，精盐 5 克，料酒 5 克，甜面酱 5 克，鲜汤适量，花生油 1 500 克（实耗 100 克），花椒盐适量

续表

菜品名称	锅烧羊排
工艺流程	1. 原料初加工： （1）将羊排清洗干净，剁成长 10 厘米的段放入盆内，加入精盐、料酒、葱、姜、花椒、八角、甜面酱、鲜汤，上笼蒸至七成熟时取出，搌干羊排表面的水分 （2）取一大碗放入鸡蛋、玉米淀粉、面粉抓成稠糊（抓糊时要抓散抓匀，但不能抓上劲），再加入与稠糊等量的花生油搅拌均匀即成酥糊 **关键点：**羊排要适当肥一点，太瘦的吃起来发柴。注意酥糊中各用料的比例，如淀粉与面粉的比例一般是 2 ∶ 1，油的用量等于玉米淀粉、面粉、鸡蛋用量之和 2. 炸制成菜： （1）将羊排放入酥糊中抓匀 （2）炒锅置旺火上，加入花生油烧至六成热，将羊排逐块下入锅中，炸成柿黄色时捞出装入盘内，撒上花椒盐即成 **关键点：**要控制好油温，油太热时可将锅端下顿火
成品特点	外焦香、里软烂，香气扑鼻
举一反三	用此方法将主料变化后还可以炸制“锅烧鸭”“锅烧羊肉”“炸紫盖”等菜肴

五、脆炸

脆炸有多种方法，常用的有以下两种：一种是将原料洗净后先下入沸水锅烫皮紧身，再在外皮涂饴糖水（俗称脆皮水），晾干后用旺火热油翻炸，并将热油灌入其腹腔，至表皮炸至淡黄色，油锅端离火口，浸料至全熟，成菜外皮香脆。此种方法多用于整鸡、整鸭，常称之为“脆皮炸”，如传统菜肴“脆皮鸡”“脆皮仔鸽”。另一种是将经过加工处理的原料，先调味腌渍、挂“酵面糊”（俗称脆皮浆）后，入油锅炸至全熟。这种方法称为“脆浆炸”或“脆糊炸”，炸料先挂糊，见糊不见料，成菜外形膨大，外脆里嫩，如传统菜肴“面拖香椿鱼”“炸脆皮鲜奶”等。脆炸菜肴的特点：色泽金黄，外脆内鲜，光润饱满。

工艺流程

原料初加工→烫皮、涂脆皮水或挂脆皮浆→炸制成菜

工艺指导

（1）脆皮炸主料紧皮后，应趁热搌干表面的水分，涂抹“脆皮水”，晾皮时应挂于阴凉通风处。

（2）脆糊炸选料时应以质地鲜嫩、无骨无刺的原料为好。制糊时，发酵粉、泡打粉等要控制好使用量，糊不可搅上劲。炸制时多复炸，第一次炸制使其“胖壳”定型

炸熟，第二次炸制使其“脆壳”，酥脆外皮。

（3）在炸制时注意控制油温，翻动原料时不要弄破表皮。

菜肴实例1　炸紫酥肉

“炸紫酥肉”又名“赛烤鸭”，是一道由北宋皇宫紫禁城中传入民间的菜品，因腌料中使用了紫苏叶，故名“紫酥肉”。“炸紫酥肉”用薄饼（或荷叶夹）卷而食之，酥香脆美、肥而不腻，似“烤鸭”而胜于“烤鸭”，味过之而无不及。倘若单取“紫酥肉”蘸酱而食，又别有一番滋味。

<table>
<tr><th>菜品名称</th><th colspan="2">炸紫酥肉</th></tr>
<tr><td rowspan="2">原料</td><td>主料</td><td>带皮猪硬肋条肉750克</td></tr>
<tr><td>调辅料</td><td>葱片10克，姜片10克，葱段30克，鲜紫苏叶10克，精盐10克，味精3克，花椒2克，八角4克，料酒10克，香醋15克，甜面酱50克，花生油700克（约耗50克），清水适量</td></tr>
<tr><td>工艺流程</td><td colspan="2">1. 原料加工切配、蒸制：将带皮猪硬肋条肉切成6.6厘米宽的条，放在汤锅内，用旺火煮透捞出压平，把肉皮上的鬃眼片净（俗称片皮）后放入盆中，加入葱片、姜片、花椒、八角(掰碎)、精盐、料酒、味精、紫苏叶和适量清水，浸渍2小时后，上笼旺火蒸至八成熟，取出晾凉
关键点：把握好蒸制的成熟度，蒸得轻，炸制后食用时顶牙腻口，蒸得过头，炸制后又难以刀工成型
2. 过油炸制：炒锅置旺火上，加入花生油，烧至油温五成热时，将猪肉条肉皮朝下下入锅中，随即将锅移至微火上。10分钟后将肉条捞出，在肉皮上涂抹一次香醋，再下入锅内炸制。如此反复三四次，炸至肉透皮酥、呈金红色时捞出
关键点：控制好炸制的火候和时间，炸制时需用香醋多次反复涂抹肉皮
3. 码盘成菜：将炸好的紫酥肉切成约0.6厘米厚的片，皮朝上整齐美观地码入盘中，上菜时外带葱段、甜面酱佐食即成
关键点：切片时要控制好片的厚薄，装盘时要讲究造型美观</td></tr>
<tr><td>成品特点</td><td colspan="2">外焦里嫩，肥而不腻，配葱段、甜面酱佐餐，可与“烤鸭”媲美</td></tr>
<tr><td>举一反三</td><td colspan="2">用此方法将主料变化后还可以炸制“炸芦花鸡”“脆皮鸭”等菜肴</td></tr>
</table>

菜肴实例 2　炸脆皮奶

最早推出“炸脆皮奶”这款菜肴的是“开封百年陈家菜”第五代传人陈伟。陈伟早年毕业于开封技师学院（原河南省第二技工学校），他勤于钻研，基本功扎实，身怀“蒙眼切姜丝穿针”“蒙眼扒布袋鸡”等多项绝技，有《创意菜》《新派热菜》等多部著作，创新出“经典新派豫菜”近百款。

菜品名称	炸脆皮奶	
原料	主料	鲜牛奶 250 克
	调辅料	炼乳 30 克，玉米淀粉 30 克，白糖 40 克，面粉 200 克，清水 150 克，精盐 2 克，泡打粉 3 克，植物油 1 000 克（实耗 50 克）
工艺流程	1. 制坯、调糊： （1）将鲜牛奶、炼乳放在一个大碗中，筛入玉米淀粉，加入白糖搅拌成没有颗粒的糊状 （2）将搅拌好的牛奶糊倒入一个小锅中，小火边加热边搅拌，一直加热到其呈固态糊状时迅速离火 （3）把煮好的牛奶糊倒入长方形的不锈钢托盘内，用餐刀抹平，晾凉后放入冰箱冷冻室冷冻 1 小时左右，即成为鲜奶糊坯 （4）在面粉内加入泡打粉、精盐、清水，调成稠一些的面糊，即为脆皮糊 **关键点：** 熬制“牛奶糊”时一定要不停搅拌，以防煳锅底。脆皮糊不能稀，要有一定的稠度 2. 挂糊炸制成菜： （1）从冰箱中取出冻好的鲜奶糊坯，切成条状 （2）锅内多放一些植物油，上火加热至油温五成热时放入挂了一层脆皮糊的牛奶条，炸成金黄色时捞出控油 （3）将控好油的脆皮奶条装盘，点缀上桌即成 **关键点：** 挂糊要均匀，不能留有缝隙。炸制时要控制好油温。奶条要逐个挂糊下锅，防止相互粘连	
成品特点	外皮焦香、里鲜嫩，香气扑鼻，风味独特	
举一反三	用此方法将主料变化后还可以炸制“脆皮薯泥”“脆皮鱼条”等菜肴	

六、香炸

香炸是指将原料进行刀工处理后，经腌渍入味、拍粉、拖蛋、滚面包糠（也有滚芝麻、松子仁、花生碎等原料的），再进行炸制成菜的一种烹调方法。香炸源于西餐，故又称西炸、面包糠炸、吉列炸。主料若为片状的俗称“板炸”，主料呈球状的俗称“杨梅炸”。香炸菜肴的特点：外香酥脆、里鲜嫩，色泽金黄。

工艺流程

选择原料→刀工处理→腌渍码味→拍粉、拖蛋、滚面包糠→炸制成菜

工艺指导

（1）主料拍粉、拖蛋、滚面包糠要均匀，滚过面包糠时可用两手轻轻按压主料，使面包糠更结实地粘在主料上。

（2）炸制时油温不可过高，一般控制在五六成热，以防面包糠焦煳。

菜肴实例　炸猪排

据《东京梦华录》记载，北宋时的东京汴梁，就已经有了“川饭店”“南食店”。河南的饮食习俗影响着四面八方，同时河南菜善于兼收并蓄，不仅融外邦菜之长，还吸纳了西餐的一些做法。如果翻开“中国厨师之乡”河南长垣县于1974年编撰的《中餐食谱》，“面包鸭肝”“鸽蛋吐丝”“虾仁吐丝”“炸猪排”“炸牛排”等都遗留着“拿来主义”的痕迹。正因如此，不管是南来的还是北往的，一吃河南菜，一个字“中”——好吃；一评价河南菜，还是一个字“中”——“五味调和，滋味适中”。“中”者不偏不倚，“酸而不酷、辛而不烈、淡而不薄，肥而不腻”。

菜品名称	炸猪排	
原料	主料	肥瘦猪肉 250 克
	调辅料	面包糠 100 克，鸡蛋 1 个，精盐 2 克，料酒 10 克，面粉 25 克，酱油 3 克，味精 3 克，花椒盐 10 克，葱、姜适量，植物油 1 000 克(约耗 75 克)
工艺流程	1. 原料加工切配、腌渍码味：将肥瘦猪肉去筋膜，破成 0.4 厘米厚、5 厘米宽、10 厘米长的大片，共计 3 片，再在每片两面解浅十字花纹，但不解透，用刀拍松，放入碗中，加精盐、料酒、味精、酱油、葱姜腌渍 10 分钟 **关键点**：猪肉要选用臀尖部位的肥瘦肉。每片肉要有肥有瘦口感才好 2. 拍粉、拖蛋液、滚面包糠：将鸡蛋磕入碗中搅散。将腌渍好的肉排均匀地粘上一层面粉，再在碗中的蛋液中拖过，然后放在面包糠中均匀地粘上一层，并用手压实 **关键点**：所选面包糠必须是咸面包糠，若用甜面包糠，油炸时易上色发黑 3. 炸制成菜：锅内倒入植物油，烧至六成热时下入拍好面包糠的肉排，炸至肉排呈柿黄色、肉透时捞出；待油温升高时再下入锅内复炸，捞出后放在砧板上，切成一指宽的坡刀片，按原样摆入盘中。走菜时外带花椒盐上桌 **关键点**：由于面包糠不耐火，炸制时一定要控制好油温，既要将原料内部炸熟，又不能将面包糠炸焦	
成品特点	外香酥、里软嫩，色泽金黄	
举一反三	用此方法将主料变化后还可以炸制“炸鸡排”“炸鱼排”“炸牛排”等菜肴	

七、暄炸

暄炸是豫菜对蛋泡糊炸的俗称，蛋泡糊又称滚袍糊、高丽糊、雪衣糊、芙蓉糊、暄糊等，即将蛋清搅打成泡沫状后（插入筷子不倒），加适量干淀粉（或干面粉、米粉等）搅拌均匀而成，用此糊炸制菜肴，见糊不见料，成菜外形膨大，好似穿上龙袍，所以河南有些地方也称之为“滚袍炸”。暄炸菜肴的特点：形体膨大，外酥软、内鲜嫩。

工艺流程

选择原料 → 刀工处理成型 → 腌渍码味 → 挂蛋泡糊 → 炸制成菜

工艺指导

（1）用料：以无骨、无刺的原料为好。

（2）挂糊：炸料先挂糊，而且要均匀，见糊不见料，糊应具有发力。

（3）炸制：经 1 ~ 2 遍炸制，成菜外形膨大。第一遍称为胖壳炸，第二遍称为养壳炸。

菜肴实例 炸鱼枣

“炸鱼枣”是一道传统豫菜，它以鱼肉切成小短条作“枣核”，外面挂暄糊炸制而成，因形状好似大枣而得名。

<table>
<tr><th>菜品名称</th><th colspan="2">炸鱼枣</th></tr>
<tr><td rowspan="2">原料</td><td>主料</td><td>鱼肉 250 克</td></tr>
<tr><td>调辅料</td><td>葱段 5 克，姜片 5 克，精盐 3 克，味精 1 克，料酒 5 克，胡椒粉 1 克，鸡蛋 3 个，干淀粉 50 克，面粉 30 克，植物油 2 000 克（约耗 70 克）</td></tr>
<tr><td>工艺流程</td><td colspan="2">1. 原料加工切配、腌渍：把鱼肉切成 1.2 厘米见方、3 厘米长的棒条状，加入葱段、姜片、精盐、味精、料酒拌匀，腌渍入味
关键点：切时要注意原料的形状，即粗细、长短要考虑到炸制后似枣形
2. 调制暄糊：把蛋清、蛋黄分别打入两个碗内，先将蛋清打成雪花状（插入筷子不倒），再把蛋黄打暄，然后兑在一起搅匀，陆续加入干淀粉和面粉搅打成暄糊备用
关键点：制糊时蛋清一定要搅打成雪花状。干淀粉和面粉要徐徐加入蛋液中，边加边搅，以防止起疙瘩
3. 炸制成菜：将腌渍好的鱼条挑出葱、姜，搌干水分，撒上胡椒粉拌匀。锅内加植物油烧至四五成热时，把鱼棒逐个挂上暄糊放入锅中炸制（或将鱼棒挂上暄糊抖散下锅），待鱼棒呈微黄色并鼓成枣形时捞出。待油温升至七八成热时，再将鱼枣下入锅中复炸，炸成金黄色时捞出装盘即成
关键点：注意控制油温。锅中油量要宽，原料第一次下锅，油温不能高，色不能重，原料下入锅中不要马上搅动，如果第一次下锅色重，再复炸时色就会老</td></tr>
<tr><td>成品特点</td><td colspan="2">色泽金黄，外酥里嫩，干香适口</td></tr>
<tr><td>举一反三</td><td colspan="2">用此方法将主料变化后还可以炸制“暄炸鱼排”“暄炸鸡柳”等菜肴</td></tr>
</table>

八、卷包炸

卷包炸是指将加工成丝、条、片形或粒、泥状的无骨原料，与调味品拌匀，再用包卷皮料包裹或卷裹起来，入油锅炸制成菜的烹调方法。卷包炸菜肴的特点：外酥脆、里鲜香。

工艺流程

选择原料 → 刀工处理 → 馅料调味 → 包卷皮料成型 → 炸制成菜

工艺指导

（1）主料要选择新鲜细嫩、无异味的原料。辅料要选择色泽鲜艳、富有质感、鲜香味美的原料。

（2）皮料要厚薄一致，无孔洞，有一定韧性。

（3）正确控制油温。

菜肴实例　春卷

“春寒还料峭，春韭入菜来。”一到春天，“煎春饼”“炸春卷”等一道道以春天第一茬韭菜制作的时令佳肴便纷纷登市。早在北宋时中原人就有在春季吃“春盘”“春茧”“春饼”的习俗，并逐渐演变为现如今的“春卷”。按照制作工艺的不同，春卷有抓皮春卷和摊皮春卷之分。按照形状差异，春卷又有大春卷和枕头春卷（小春卷）之别。

菜品名称		春卷
原料	主料	鲜猪肉 150 克
	调辅料	春韭头 75 克，面粉 50 克，料酒 10 克，酱油 3 克，精盐 1 克，味精 1 克，干淀粉 25 克，鸡蛋 1 个，植物油 1 000 克

续表

菜品名称	春卷
工艺流程	1. 馅料加工：将猪肉切成 3.3 厘米长、0.2 厘米粗的细丝，韭菜头洗净切成 1 厘米长的段。炒锅放置旺火上，加入植物油 25 克，油烧至六成热时下入肉丝炒散，下入精盐、料酒、酱油炒匀起锅装入盘中，晾凉后与韭菜段、味精掺拌成馅待用 2. 制皮： （1）抓皮春卷的制皮方法：按照面粉与水 1 ∶ 0.6 的比例，将面粉和成比较软的面团，和匀后醒 30 分钟，然后反复揣揉，将面团抓在手中，待面团自然下流，抖起手腕，再把面团收入手中，如此反复十几次，至面团表面光滑，柔韧性好即可。平底锅放小火上，加热至 60℃左右时，手抓面团在锅底上旋转一下迅速提起，锅底粘上薄薄一层面皮，面皮发白时，将面皮取下，就制成了一张春卷皮 （2）摊皮春卷的制皮方法：按照粉芡 100 克、面粉 50 克、鸡蛋一个的比例，将三者放在一起搅成稠糊。如果糊硬可再放一点蛋液或清水。反复抓拍使糊上劲，细腻无颗粒，兑清水瀣开成稀糊。净锅上火，抹添少许油润锅，倒入糊浆摊制蛋皮 3 张 3. 卷制：将制好的面皮摊开放在砧板上，裁成需要的大小。每一张面皮上放上馅料，两头折叠然后卷起，开口处用面糊粘好 **关键点：**包卷制时不能露馅，形状要整齐美观 4. 炸制成菜：净锅置火上，加入植物油，烧至六成热时，将包卷好的春卷投入油锅内炸至金黄色、外皮酥脆时捞出，改刀装入盘中上桌即成 **关键点：**掌握好炸制的火候和油温
成品特点	色泽柿黄，皮焦、肉嫩，味鲜香
举一反三	用此方法将主料变化后还可以炸制“炸春卷”“纸包三鲜”“卷筒虾仁”等菜肴

九、油泼

油泼是指先将主料煮或蒸制成熟、码上配料（葱、姜、辣椒丝等），浇洒上调味汁，再以热油泼激成菜的烹调方法，此法制成的菜肴香味溢出快，主料油而不腻，鲜嫩可口。油泼菜肴的特点：油而不腻，嫩鲜爽脆，鲜香可口。

工艺流程

选择原料 → 刀工处理 → 熟处理 → 热油泼 → 成菜

工艺指导

（1）用于油泼的原料一般应选取质感鲜嫩、形状小的原料，多提前腌渍码味。用于泼的油要选用清新的植物油。

（2）泼时油温要高，这样才能激出葱、姜、辣椒的香味。

菜肴实例 油泼鱼片

烹饪中较为传统的成熟方法不外水熟与油熟，对于厨师来说，油熟最能见功夫，因为水的可控温度也就是 0 ~ 100 ℃，超过 100 ℃水就汽化了，而油的可控温度为 0 ~ 230 ℃，为厨师们加工菜肴带来了广阔的发挥空间，不同的油温可使菜肴产生不同的色泽、质感、形态、成熟度等。中国烹饪在油温的把控上已经达到了炉火纯青的地步，如油泼、油炸、油泡、油浸、油爆、油煎、油㸆、油激、油淋、油冲、油灼等种类繁多，各具特色。

菜品名称	油泼鱼片	
原料	主料	草鱼 1 条（约 1 000 克）
	调辅料	鸡蛋清 1 个，精盐 4 克，味精 2 克，料酒 5 克，葱 10 克，蒜 10 克，姜 5 克，鲜红辣椒 2 克，干红辣椒 3 克，白胡椒粉 1 克，花椒 10 克，蒸鱼豉油汁 3 克，湿淀粉 10 克，莜麦菜 200 克，熟植物油 100 克
工艺流程	1. 原料加工切配： （1）将葱、姜、鲜红辣椒切成丝，蒜剁成茸，干红辣椒切成段，莜麦菜清洗干净切成长段 （2）将草鱼宰杀、清洗干净，切去鱼头，一破两开，片净鱼刺，去掉鱼皮，坡刀将鱼肉片成 0.4 厘米厚的片，用清水淘洗干净 （3）将鱼片搌干水分，放入盛器内，加精盐、料酒、味精、白胡椒粉腌渍片刻，放入鸡蛋清、湿淀粉叠上劲 **关键点：**鱼片上浆时一定要先搌干水分；鱼片不能片得太薄或太厚，太薄容易烂，太厚口感不好 2. 烹制成菜： （1）锅内下底油，下蒜茸爆出香味，放入莜麦菜、精盐、味精煸炒至断生，出锅盛入盛器底部 （2）锅内添水，水快开时将上好蛋清浆的鱼片抖散下锅，下完鱼片后可晃一下锅，但不要搅动，鱼片一变白就用漏勺捞起，放在莜麦菜上，浇上蒸鱼豉油汁，并将葱、姜、鲜红辣椒丝、干红辣椒段撒在鱼片上面	

续表

菜品名称	油泼鱼片
工艺流程	（3）锅内下油放入花椒，小火煸出香味，至油热微冒青烟时，端锅离火，箅去花椒，将热油泼淋在撒过葱、姜、鲜红辣椒丝及蒜茸的鱼片上，“刺啦”作响，香味四溢，即成菜肴 **关键点：**鱼片下锅后不要急于搅动，待鱼片变白方可用手勺轻轻推动
成品特点	鱼片洁白滑嫩，香味四溢
举一反三	用此方法将主料变化后还可以制作“油泼竹蛏”“油泼鱿鱼”“油泼扇贝”等菜肴

第二节　炒

炒是指将经过加工的质嫩型小的原料，用旺火或中火在短时间内加热调味成菜的一种烹调方法。炒的特殊性在于其四个基本要素：一是油量少，一般只要使原料表面裹上油即可；二是油温较高，一般在四成至八成热之间投入原料；三是主料形状小，如丝、丁、片等；四是加热时间短，翻炒速度快。根据炒制方法、用料和成品特点的不同，炒一般又分为生炒、熟炒、干炒、软炒、滑炒等。炒制菜肴的特点：或鲜嫩、或滑脆、或干香，芡汁紧抱原料。

一、生炒

生炒又称生煸，是指将切配加工成丁、片、丝、条等形状的小型原料，不经上浆或挂糊，直接放入少量热油锅中，利用旺火快速炒制成熟的一种烹调方法。生炒菜肴的特点：鲜嫩汁少，干香爽脆。

工艺流程

选择原料初加工→切配→投入原料炒制→勾芡淋明油→装盘成菜

工艺指导

（1）在生炒过程中，要旺火速成，但不可炒焦粘锅，根据不同原料的成熟程度及时颠翻出锅，保持菜肴色鲜脆嫩。

（2）不同性质的原料合炒时，要根据其质地、耐热程度准确掌握下料的顺序和投放时机。

（3）需要勾芡的菜肴，要根据原料烹制菜汁的多少，掌握芡汁的稀稠程度。

（4）动作要快速，下料要集中，翻炒要均匀，使原料受热一致、渗透入味，并迅速成菜。

菜肴实例　酸辣土豆丝

土豆又名马铃薯，是世界重要的粮食、蔬菜作物，原产于南美洲的安第斯山区，传入中国已有300多年的历史。发芽的土豆含有有毒物质龙葵素，容易引起食物中毒，因此土豆发芽后不宜再食用。

菜品名称	酸辣土豆丝	
原料	主料	土豆300克
	调辅料	葱丝10克、姜丝10克，辣椒丝10克，料酒5克，味精3克，精盐3克，香醋20克，花椒3克，植物油30克
工艺流程	1. 原料初加工：将土豆去皮洗净，切成火柴棒粗细的丝，放入水中淘洗两次，沥水备用 **关键点：**注重刀工，土豆丝要粗细均匀一致，不宜过粗。土豆富含淀粉，丝切好后一定要用清水淘洗，不然容易变色且口感不爽脆 2. 炒制成菜：锅内下油，烧至四五成热时下入花椒炸出香味捞出，下入葱丝、姜丝和辣椒丝炒一下，然后下入土豆丝翻炒，同时分次下香醋、料酒、精盐、味精等调味料，至熟出锅装盘即成 **关键点：** （1）辣椒切丝后用水湿一下，炝锅时不容易焦煳 （2）锅内下入土豆丝后，先放醋翻炒一下，再加入其他调料进行炒制，以确保土豆丝口感爽脆 （3）炒制时可稍加一点糖，以增加鲜度 （4）炒制不宜过火，否则土豆丝口感不脆	

续表

菜品名称	酸辣土豆丝
成品特点	酸辣爽脆，鲜咸适口
举一反三	用此方法将主料及味汁变化后还可以炒制“蒜茸土豆丝”“酸辣绿豆芽”等菜肴

二、熟炒

熟炒是指以油和锅作为导热体，先将原料经过初步熟处理，再将熟料经刀工处理，用少量油在旺、中火上炒制成菜的一种烹调方法。熟炒菜肴的特点：汁浓味厚，鲜香可口。

工艺流程

选择原料→初步加工→初步熟处理→刀工切配→炒制成菜

工艺指导

熟炒的操作要点：

(1) 应将所用的锅和手勺洗净，以保证菜肴的质量。

(2) 锅和手勺要烧热，并且锅要用油滑透。

(3) 熟悉熟炒的工艺流程。

(4) 上浆和勾芡的菜肴要注意浆和芡的浓度和用量。

(5) 灵活运用火力，正确辨识油温，及时出锅装盘。

菜肴实例 1　炒鳝糊

每年的仲夏，河南的许多酒店都会推出一系列的鳝鱼肴馔，如“爆鳝片”“软兜鳝鱼”“大烧马鞍桥”等。“炒鳝糊”更是不可或缺的一道传统豫菜佳肴，其汤汁紧裹鳝肉，鳝肉鲜嫩滑软，味道香浓挂唇。

<table>
<tr><th>菜品名称</th><th colspan="2">炒鳝糊</th></tr>
<tr><td rowspan="2">原料</td><td>主料</td><td>活鳝鱼 750 克</td></tr>
<tr><td>调辅料</td><td>水玉兰片 25 克，水香菇 25 克，大蒜 25 克，姜 15 克，葱 15 克，香菜 25 克，精盐 10 克，味精 5 克，料酒 10 克，胡椒粉 5 克，白糖 5 克，酱油 15 克，醋 5 克，花椒 20 克，粉芡 20 克，芝麻香油 50 克，熟猪油 75 克，鲜汤 50 克</td></tr>
<tr><td>工艺流程</td><td colspan="2">1. 原料初加工：
（1）将清洗干净的鳝鱼放入冷水锅中，加少许盐和醋，盖上锅盖加热煮制，至鳝鱼张嘴刚熟时捞出冷水投凉，划鳝剔骨出肉
（2）玉兰片、香菇切细丝，葱、姜切银针丝，蒜切成米粒状
（3）将鳝鱼肉撕成细长条，用开水烫一下备用
关键点：鳝鱼下锅后盖严锅盖，防止鳝鱼蹿出。掌握好煮制的时间，煮到鳝鱼张嘴即可，不可过熟，反之划鳝时鳝鱼易断
2. 炒制成菜：
（1）净锅放旺火上，添入熟猪油，油热后煸葱、姜出香味，再依次下入鳝鱼肉、玉兰片丝、香菇丝，添入鲜汤。加入精盐、料酒、酱油、白糖、醋，勾入芡汁，芡汁熟后下胡椒粉、味精，盛入汤盘中，用手勺在中间捺一个坑，把切好的蒜米放在中间
（2）净锅，添芝麻香油，油热放入花椒炸出香味捞出，浇在蒜米上，外带香菜即可上桌
关键点：掌握好火候和调味</td></tr>
<tr><td>成品特点</td><td colspan="2">颜色微黄，味鲜肉烂，香味诱人，老少皆宜</td></tr>
</table>

菜肴实例 2　炒回锅肉

“回锅肉”是一款家常菜，据说源于先人祭祖。先人祭祀神祖，民间俗称“祭爷”，祭祀后分享祭品谓之“纳福”，民间俗称“大爷祭”，后戏谑成了“打牙祭”。祭祀用的猪肉选择猪身上最好部位的“坐臀肉”，但第一刀不够方正，遵古训“割不正不食”，须第二刀才整齐均匀，故这第二刀称作“二刀肉”。神祖忌生，肉要先煮至断生切成方块方可作“供品”。祭祀后把肉切了回锅重新熬炒，所以称作“回

锅肉”。

“回锅肉”是民间的称呼，其源头可以追溯到北宋的“爆肉”。明代宋诩收录于《宋氏养生部》的“油爆猪”，“取熟肉切脍，投热油中爆香，以少酱、酒浇，加花椒、葱，宜和生竹笋丝、茭白丝同爆之”。若再使用郫县豆瓣酱调味，可以极大地提升“回锅肉”的口感和品质。

菜品名称	炒回锅肉	
原料	主料	带皮二刀肉（猪坐臀肉的第二刀肉）500克
	调辅料	蒜苗100克，红辣椒末5克，白糖4克，葱丝、姜丝各4克，甜面酱20克，郫县豆瓣酱20克，酱油10克，精盐2克，味精2克，植物油50克，鲜汤少许
工艺流程	1. 原料初加工： （1）将带皮二刀肉清洗干净，入锅内煮至断生捞出晾凉。将猪肉切成长7厘米、宽3.5厘米、厚0.3厘米，肥瘦相连的薄片 （2）将蒜苗择洗干净，用斜刀切成5厘米长的段 **关键点：**肉煮到八成熟，筷子一插可以穿过即可，肉煮得太熟炒时容易碎。肉片要切得薄厚均匀 2. 炒制成菜：锅置中火上，添入植物油，烧至五成热，将肉片下锅，用勺煸炒至肉片吐油发亮、打卷，用手勺搂到锅边。下入葱丝、姜丝爆出香味，倒入红辣椒末、甜面酱、郫县豆瓣酱、白糖，迅速翻炒均匀。再下入蒜苗段、酱油、精盐、味精和少许鲜汤炒制。见锅中肉片、汤汁红亮，翻一个身起锅装盘即成 **关键点：**煸肉片时要用小火耐心煸炒，至肉片出油发亮、微微打卷、不干不焦时即可	
成品特点	煨汁亮红，烂而不腻，稍有辣味	
举一反三	用此方法将主料变化后还可以炒制“回锅肥肠”“干锅羊杂”等菜肴	

三、干炒

干炒又称干煸，是指将原料加工成一定的形状，用少量热油和中小火较长时间翻炒原料，使原料内部水分煸干、调味汁能够充分渗入到原料内部的一种烹调方法。干炒菜肴的特点：干香酥脆，见油不见汁，多为深红色。

工艺流程

选择原料→刀工成型→腌渍码味→下锅炒制→装盘成菜

工艺指导

（1）干炒的原料不上浆、不挂糊、不勾芡。

（2）干炒过程中更多依靠铁锅传热，油起到润滑增香的作用，要注意油温的掌握。

（3）原料加热前一般要经过码味的过程，以使原料滋味更丰厚。

菜肴实例1　干煸四季豆

干炒技法虽不及扒、爆、熘等技术含量高，但其便于操作，易于成菜，如“干煸鸡块”“干煸牛肉丝”“干煸杏鲍菇”“干炒粉丝”“干炒黄豆芽”“干炒有机菜花”等菜肴在餐馆中时常能够见到。四季豆也称菜豆、架豆、刀豆、芸扁豆等，烹制时要保证其熟透，以防食物中毒。

菜品名称	干煸四季豆	
原料	主料	四季豆250克
	调辅料	猪肉末100克，料酒3克，精盐2克，味精2克，干辣椒2克，葱5克，蒜10克，姜3克，白糖2克，芝麻香油5克，鲜汤20克，植物油750克（实耗50克）
工艺流程	1. 原料初加工： （1）将四季豆洗净，掐头去尾，撕去老筋，一折为二 （2）将干辣椒切成段，大蒜用刀拍碎，姜切成米粒，葱切成大粒 **关键点：**四季豆下油锅前一定要甩干水分 2. 煸炒成菜： （1）锅里添加植物油，烧至六成热时倒入四季豆，炸至四季豆表面起虎皮变软时捞出待用 （2）锅内留少许底油，下入肉末，用小火煸炒干肉末中的水分，倒入辣椒段、蒜碎、姜米一起煸炒出香味，再放入四季豆、精盐、料酒、味精、白糖、鲜汤，大火收汁翻炒，出锅前淋入芝麻香油即成 **关键点：**注意控制火候的大小。白糖起提鲜的作用，不可多放	

续表

菜品名称	干煸四季豆
成品特点	酥软干香，咸鲜味浓，滋润可口
举一反三	用此方法将主料变化后还可以炒制“干煸鳝丝”“干煸冬笋”等菜肴

菜肴实例 2　孜然肉片

孜然又名安息茴香，适宜肉类的烹调，是烧、烤食品必用的佐料，也常作香料使用，其口感、风味极为独特，富有油性，气味芳香而浓烈。孜然入药可治疗消化不良、胃寒腹痛等症。

<table>
<tr><th>菜品名称</th><th colspan="2">孜然肉片</th></tr>
<tr><td rowspan="2">原料</td><td>主料</td><td>后腿肉 350 克</td></tr>
<tr><td>调辅料</td><td>香菜 50 克，孜然粉 20 克，辣椒面 10 克，鸡蛋 1 个，粉芡 50 克，精盐、味精、料酒各 10 克，植物油 1 000 克（约耗 50 克），嫩肉粉少许</td></tr>
<tr><td>工艺流程</td><td colspan="2">1. 原料加工切配上浆：将肉切成薄的大片，用精盐、味精、料酒腌渍码味，再用鸡蛋、粉芡上薄糊
关键点：选用新鲜质嫩的猪肉、羊肉等均可。为使肉质鲜嫩，可加入少量嫩肉粉
2. 煸炒成菜：锅内下植物油，烧至四五成热时下入肉片，将肉片划散捞出。锅内油倒出，重放火上，将肉片下入锅内，迅速加入孜然粉、辣椒面、精盐、味精翻匀，盛入放有香菜的盘中即成
关键点：要掌握好油温和成菜色泽</td></tr>
<tr><td>成品特点</td><td colspan="2">软嫩鲜香，孜然味长</td></tr>
<tr><td>举一反三</td><td colspan="2">用此方法将主料变化后还可以炒制“孜然羊肉”“孜然鱿鱼”等菜肴</td></tr>
</table>

菜肴实例 3　酥皮辣子鸡

“酥皮辣子鸡”是在传统豫菜“炒辣子鸡”的基础上变化而来，以鸡肉为主料，先腌后炸，再进行干煸，成菜色泽红里透黄，油而不腻，辣而不燥，外酥里嫩，滋味鲜美。

<table>
<tr><th>菜品名称</th><th colspan="2">酥皮辣子鸡</th></tr>
<tr><td rowspan="2">原料</td><td>主料</td><td>鸡腿肉 300 克</td></tr>
<tr><td>调辅料</td><td>干辣椒 30 克，鲜青、红辣椒各 50 克，花椒 10 克，干淀粉 20 克，葱 5 克，姜 5 克，蒜 5 克，精盐 3 克，料酒 4 克，酱油 3 克，白糖 4 克，醋 5 克，香油 10 克，植物油 1 000 克（实耗 50 克），高汤 50 克</td></tr>
<tr><td>工艺流程</td><td colspan="2">1. 原料初加工：将葱、姜、蒜、干辣椒洗净，葱切丁，姜、蒜切片，干辣椒剪成段，青、红辣椒切成雪花片。将鸡腿洗净切成 3 厘米见方的大丁
关键点：以选用鸡腿肉为宜。丁的大小要均匀一致。青、红辣椒片在此作为配色使用，不可量大
2. 腌渍码味：在鸡丁内加入精盐、料酒、酱油，使鸡肉入味，再加入干淀粉抓匀，腌渍半小时左右
关键点：干淀粉投放多少是此菜成败的关键，少则不酥，多则影响口感，以腌料包匀鸡丁为宜。也可在腌渍鸡丁时加入番茄酱、辣椒酱
3. 炸制：锅中放入植物油，烧至六成热时放入鸡丁，小火炸至鸡丁水分挥发、漂浮、表面微黄时捞出沥干油。再中火将油烧至八成热时，再次倒入鸡丁，炸至鸡丁表面金黄色捞出控油
关键点：锅中油量要宽，控制好油温
4. 煸炒成菜：锅中留底油，放入葱、姜、蒜、花椒、干辣椒炒香，倒入青、红辣椒片和鸡肉丁，加入料酒、精盐、白糖、醋及少许高汤进行煸炒，至汤汁挥发，淋入香油翻拌均匀出锅装盘即成
关键点：煸炒时火不宜大，以防焦煳</td></tr>
<tr><td>成品特点</td><td colspan="2">酥香可口，略带麻辣，回味鲜香</td></tr>
<tr><td>举一反三</td><td colspan="2">用此方法将主料变化后还可以炒制“干煸土豆条”“酥皮鱼丁”等菜肴</td></tr>
</table>

菜肴实例 4 桂花皮丝

“皮丝”是河南信阳固始县著名的土特产，是用洁净的猪肉皮经过浸泡、去脂、片皮、切丝、晾晒等工艺加工而成的干制品，相传为明朝末年古蓼城（今河南省固始县蓼城岗）满堂春菜馆的掌柜所创。清代咸丰年间，祖籍固始的巡抚吴元炳曾以家乡土特产进奉朝廷，自此，固始皮丝被列为贡品。1914 年，固始皮丝被选为中国名特产品参加巴拿马万国博览会而名扬世界。皮丝的吃法很多，可扒可烧、可拌可炒，“桂花皮丝”便是其一，因成菜色似桂花，橙黄悦目而得名。

<table>
<tr><th>菜品名称</th><th colspan="2">桂花皮丝</th></tr>
<tr><td rowspan="2">原料</td><td>主料</td><td>干皮丝 100 克</td></tr>
<tr><td>调辅料</td><td>鸡蛋黄 150 克，韭菜 30 克，味精 2 克，精盐 3 克，料酒 4 克，小葱 5 克，姜 5 克，植物油 1 500 克（用于油发皮丝）</td></tr>
<tr><td>工艺流程</td><td colspan="2">1. 发制皮丝：将炒锅放旺火上，添入植物油，烧至六成热时将干皮丝下入，用漏勺翻匀，皮丝胀起时即捞入温水盆里，泡软后放入 5% 的碱，用手反复搓洗，换 2 ~ 3 次温水，去除异味和碱味，待皮丝微白、捏着有弹性时即为发好
关键点：炸皮丝时火不可太旺，火旺易焦煳。火也不可过小，火小皮丝易窝油
2. 加工切配：
（1）将韭菜择洗干净，切成 3 厘米长的段，葱、姜均切成丝
（2）取大碗一个，放入鸡蛋黄，加入精盐、味精、料酒和发好搌干水分的皮丝，搅拌均匀
关键点：刀口要整齐，裹蛋浆要均匀，调味要准确
3. 炒制成菜：净锅放底油 30 克，烧至六成热时放入拌好的蛋黄皮丝，用筷子抄炒均匀，投入葱丝、姜丝和韭菜段，淋入明油，翻炒均匀，出锅装盘即成
关键点：要掌握好火候，注意原料的色泽</td></tr>
<tr><td>成品特点</td><td colspan="2">色似桂花，橙黄悦目，筋爽利口</td></tr>
<tr><td>举一反三</td><td colspan="2">用此方法将主料变化后还可以炒制“芙蓉鸡片”“桂花散丹”等菜肴</td></tr>
</table>

四、软炒

软炒是指将经过加工成流体、泥状、颗粒的半成品原料，先用调味品、鸡蛋、淀粉等泥状或半流体拌匀，再用中小火热油迅速翻炒，使之凝结成菜，或经油滑再炒制成菜的一种烹调方法。软炒菜肴的特点：呈半凝固状或软固状，质地细嫩，清爽利口或香甜味浓，酥香油润，质嫩软滑。

工艺流程

选择原料→原料加工→原料兑制→软炒成菜→装盘

工艺指导

（1）香甜味软炒菜肴一定要待原料酥香料软后，再按菜肴要求加入白糖和油脂，防止白糖炒制时间过长产生焦糖化反应，使菜肴变色。

（2）咸鲜味软炒菜肴口味宜清淡、鲜嫩、不腻，防止油腻。

（3）掌握好菜肴的色泽和口味。

“炒三不粘”也叫“桂花蛋”，软香油润、浓甜不腻，食用时因不粘筷、不粘盘、不粘牙而得名。相传，古相州（今安阳市）有位县令，其父喜食花生和鸡蛋，但因牙齿掉落难飨其味。县令命家厨常做花生酱供老人食用，久之又感乏味，家厨便挖空心思不断变换做法。有一次用蛋黄加糖炒制一盘色香味俱佳的炒蛋黄，老人食后大加赞赏。后来在一次寿宴上，为能同时上桌，改用大锅炒制，由于投料不准，炒得太稀，厨师急中生智，勾入淀粉，一边使劲搅炒，一边不断加油。结果较以前更为油亮光泽，香甜可口，且出锅时不粘锅勺，盛装时不粘食具，进食时不粘牙，宾客连连叫绝，于是起名为“三不粘”，并在当地流行开来。清乾隆帝下江南驻跸安阳，当地官员向乾隆帝献膳就有“炒三不粘”。乾隆食后大悦，即命随员询问制作方法。此后，该菜便在宫廷、府衙、市肆广为流传。

菜品名称	炒三不粘	
原料	主料	鸡蛋 12 个（约 600 克）
	调辅料	糖桂花 15 克，白砂糖 200 克，熟猪油 150 克，山楂糕 100 克，湿淀粉 40 克
工艺流程	1. 原料初加工：选择新鲜的鸡蛋，取蛋黄（可以每四个蛋黄加一个蛋清），白糖用温水溶化，山楂糕切丁。将蛋黄、蛋清、糖水、糖桂花、湿淀粉制成混合溶液 **关键点：**选料要正确，满足菜肴要求。调制混合溶液，要掌握好蛋黄、蛋清及辅料的比例 2. 炒制成菜：用熟猪油（也可以用植物油）小火炒到混合溶液凝固，并且不粘锅时出锅装盘，堆成山形，撒上山楂糕丁即成 **关键点：**要掌握好火候，操作时必须翻炒均匀，防止原料变老、变色，生熟不均	
成品特点	软香油润，浓甜不腻	
举一反三	用此方法将主料变化后还可以炒制“炒鲜奶”“滑蛋虾仁”“白雪鲜虾仁”“白玉鸡脯”等菜肴	

菜肴实例 2　炒红薯泥

红薯又名白薯、甘薯、地瓜。初听此菜想必是平常之物做平常之菜，但自古“司厨不贵物而贵治法”，传统豫菜“炒红薯泥”便是代表。此菜重在一个炒字，炒又重在火候，只有火候掌握得恰如其分，才能把红薯泥炒得筋、沙、香、甜，金黄透亮。“炒红薯泥”蜚声中外，被外国客人誉为“金色巧克力”。

菜品名称	炒红薯泥	
原料	主料	红薯 1 000 克
	调辅料	山楂糕 25 克，白糖 500 克，熟猪油 250 克

续表

菜品名称	炒红薯泥
工艺流程	1. 原料初加工：将红薯洗净蒸熟、去皮，放到砧板上用刀压成泥，加入适量清水澥匀。山楂糕切成豌豆大小的丁 **关键点：**要选用质地优良的红薯为原料。压成的泥要细，不能有疙瘩。用水澥薯泥时要注意稀稠度，太稠口感硬，太稀不好炒上劲 2. 炒制成菜：将锅放火上，放入熟猪油 150 克，下白糖炒至金黄色，再下入澥好的红薯泥，边炒边将剩余的熟猪油逐次加入锅内，炒至红薯泥不粘锅、不粘勺，晶莹透亮而不出油时，盛入盘内，撒上山楂糕丁即成 **关键点：**要恰当掌握好火候，炒制时原料在锅中必须不停推炒、翻身，以防煳锅底，要炒至上劲、不出油。可将山楂糕先刻成一定形状，在盘边摆成图案点缀
成品特点	软香油润，浓甜不腻
举一反三	用此方法将主料变化后还可以炒制“炒八宝薯泥”“炒八宝饭”“炒土豆泥”等菜肴

五、滑炒

滑炒是指将经过细加工处理的动植物原料，加工成丁、丝、片、条、粒等形状，经过上浆或不上浆、滑油后，利用旺火小油量在锅中急速翻炒，最后兑芡汁或勾芡（也有不勾芡的）成菜的一种烹调方法。滑炒菜肴的特点：柔软滑嫩，汁紧油亮。

工艺流程

原料加工切配→码味、上浆→滑油熟处理→兑汁炒制→装盘成菜

工艺指导

（1）熟悉原料的质地特性，合理选用。滑炒的主料要求新鲜、细嫩、去骨、去皮、去筋络、无异味。

（2）在刀工处理时应做到粗细、长短一致，厚薄、大小均匀，型小而不碎，细薄而不破，使其规格统一、受热均匀。

（3）码味上浆是保证菜肴滑嫩的关键。

（4）炒制时间要短，滑好油的原料回锅时要立即倒入，迅速颠翻均匀，使调味品及芡汁均匀地裹在原料上，若停留时间过长则会出现老、韧、不爽滑的情况。

菜肴实例 1　炒肉片

我们现在常用的“滑炒”技法，就是熟处理时的“上浆勾芡”之法，2 500 年前我们的先人就已经发明并使用了，当时称之为“滫瀡”。

菜品名称		炒肉片
原料	主料	猪肥瘦肉 150 克
	调辅料	冬笋 50 克，青椒、红椒共 50 克，木耳 10 克，葱 3 克，蒜 3 克，鸡蛋 1 个，盐 3 克，料酒 10 克，酱油 3 克，味精 1 克，鲜汤 100 克，姜 2 克，水粉芡 50 克，植物油 750 克（约耗 30 克）
工艺流程	1. 原料初加工： （1）立刀顶丝把猪肉切成 5 厘米长、2 厘米宽的片，将切好的肉片挂上全蛋浆 （2）将冬笋、青红椒切成 1.5 厘米长的菱形片，木耳撕成小块，葱切成马蹄葱，蒜切成片，姜切成米 **关键点：**应选择猪的硬肋五花肉。其他辅料的加工规格要符合要求，肉片上浆的稀稠度要适当。上好浆的肉片以抓在手中不顶手，但又不流浆汁为宜 2. 炒制成菜：锅中添入植物油，烧至四五成热时下入肉片，用炒勺搅开划散，至肉片断生时出锅滗油。锅中下底油，下入马蹄葱、蒜片、姜米，爆出香味；再下冬笋、青椒、红椒、木耳等辅料煸炒，加入肉片、料酒、盐、酱油、味精等调料及鲜汤，快速翻炒均匀，勾入水粉芡，淋入明油装盘即成 **关键点：**控制好油温，掌握好火候和调味	
成品特点	色泽柿黄，肉质软嫩，香味醇厚	
举一反三	用此方法将主料变化后还可以炒制“滑炒鸡丝”“蚝油牛肉”“碧绿带子”等菜肴	

菜肴实例 2　炒肉丝

炒可做两解，一是炒菜时原料及水分、油在高温作用下发出爆响，十分吵闹。二是原料入锅，不能怠慢，须以炒勺快速翻炒并辅以抄锅、抛料、颠锅之动作。于是这样的炒也就和熬、煎、烙、炸有了根本的区别，成为一种独具特色的烹饪技法。

<table>
<tr><th>菜品名称</th><th colspan="2">炒肉丝</th></tr>
<tr><td rowspan="2">原料</td><td>主料</td><td>猪后腿肉 300 克</td></tr>
<tr><td>调辅料</td><td>青椒 120 克，淀粉 20 克，鸡蛋半个，料酒 10 克，味精 3 克，精盐 10 克，酱油 5 克，植物油 750 克（约耗 30 克）</td></tr>
<tr><td>工艺流程</td><td colspan="2">1. 原料初加工：
（1）将青椒去蒂、去籽，切成长 4 厘米、宽 2 毫米的丝
（2）猪后腿肉顺丝切成火柴棒粗细的丝
关键点：选用猪后腿肉或扁担肉最佳。切丝时要顺丝切，丝的长短、粗细要均匀，刀工成型要一致
2. 上浆滑油：
（1）将切好的肉丝放入用鸡蛋、淀粉、酱油 2 克打好的全蛋浆中抓匀叠好
（2）锅内下植物油，烧至五六成热时把肉丝下入，划散至透，倒出控油
关键点：上浆时要控制好糊浆的稀稠度，叠太稀了下锅后容易脱浆，叠太稠了肉丝不易划散，容易粘连
3. 炒制成菜：锅内留底油少许，烧热后下入青椒丝稍炒，再下入肉丝和料酒、味精、精盐、酱油等调料，迅速翻三四个身，淋明油，出锅装盘即成
关键点：掌握好火候和调味</td></tr>
<tr><td>成品特点</td><td colspan="2">色泽柿黄，肉丝软滑鲜嫩，鲜咸适口</td></tr>
<tr><td>举一反三</td><td colspan="2">用此方法将主料变化后还可以炒制“滑炒鸡丝”等菜肴</td></tr>
</table>

菜肴实例3 辣子鸡丁

北魏贾思勰所著的《齐民要术》，上有“鸭肉炒令极熟，下椒、姜末食之”。炒法的真正定型并普及当在北宋，北宋“燎灶”的出现和煤炭的广泛使用，使铁锅方可离火，推勺颠翻、运臂抛撒、旺火速成，“炒”才具有了普遍的实用性。

菜品名称	辣子鸡丁	
原料	主料	鸡脯肉200克
	调辅料	冬笋30克，木耳10克，蒜片10克，柿椒50克，干红椒（泡软）10克，鸡蛋30克，料酒10克，精盐3克，味精5克，清汤、淀粉、酱油各10克，植物油750克（约耗30克）
工艺流程	1. 原料初加工：将鸡脯肉放在砧板上，用刀排着解十字花刀，然后切成1.2厘米见方的丁。配料切成略小于主料的丁 **关键点：**鸡丁成型要均匀，加工规格符合要求，配料形状略小于主料 2. 主料上浆：把鸡丁放入用鸡蛋、淀粉和少许酱油拌好的全蛋浆中拌均匀 **关键点：**上浆要稀稠适当 3. 炒制成菜：锅中添入植物油，烧至四五成热时下入鸡丁滑透，倒出滗油，锅内留底油，然后把蒜片、干红椒、冬笋、木耳、柿椒丁等辅料放入锅中煸炒出香味，下入料酒、精盐、味精等调料和鸡丁，加入清汤，勾水粉芡，淋明油，翻锅装盘即成 **关键点：**掌握好火候和调味，滑油时油温不宜过高，以防粘连	
成品特点	鸡丁滑嫩，色泽柿黄，味鲜咸微辣，芡汁亮	
举一反三	用此方法将主料变化后还可以炒制“辣子肉丁”等菜肴	

菜肴实例 4 炒腰花

豫菜中以腰子为原料制作的名菜有"炸核桃腰""炸麦穗腰""笋丝爆腰丝""掸炝鱼鳃腰片"等。"炒腰花"关键要把握好以下几点：一是选好料，要选取色泽浅、有点发黄的猪腰子，这种腰子炒出的腰花色泽好看。二是刀工精湛，刀口浅了不卷花，刀口深了容易烂，切好拿起来对着光线看一看，刀纹能透光又没穿孔为好。三是挂糊不能厚，用量不能多，否则滑油时爆不开。四是腰花下锅时油温要高，油八九成热时腰花下锅，迅速起锅滗油捞出，油温低了花纹爆不开，在锅内停留时间长了又发柴。"炒腰花"是个集刀功、锅功为一体的功夫菜。

菜品名称	炒腰花	
原料	主料	猪腰子 2 对
	调辅料	鸡蛋半个，粉芡 10 克，蒜 5 克，木耳 10 克，笋 10 克，酱油 8 克，料酒 10 克，味精 3.5 克，醋、精盐、胡椒面、花椒油各少许，植物油 750 克（约耗 30 克）
工艺流程	1. 原料初加工： （1）将腰子洗净，撕去外皮，一破两片，平刀片去腰臊，淘洗一下，内面向上平铺在砧板上，横向用反刀解约七成深，再顺向用立刀解八成深，两刀纹交叉呈直角，然后从中间横裁一刀，再顺立刀方向划成六块，用清水淘洗一下，捞出搌干水分 （2）将笋、蒜切成片，木耳掐成块，与酱油、料酒、味精、醋、精盐、胡椒面、淀粉少许兑成味汁 **关键点：**腰子最好选择色泽浅一些的，解腰子时，要注意刀距和深度均匀一致 2. 主料上浆滑油： （1）将腰花放入用鸡蛋、粉芡打成的全蛋浆中拌匀 （2）锅内添入植物油加热，待油烧至八成热时将腰花下入锅内，立即用勺划散，倾锅滗油 **关键点：**浆不能厚，腰花上浆前一定要搌干水分，上浆不宜过早。滑油时油温要高一些，否则腰花不容易卷曲成型	

续表

菜品名称	炒腰花
工艺流程	3. 炒制成菜：锅内留少许油，投入配料和兑好的味汁，下入花椒油，倒入腰花，翻身出锅装盘即成 **关键点：**掌握好火候和调味，味汁的多少、稀稠要适度
成品特点	腰花脆嫩，形态美观
举一反三	用此方法还可以炒制“滑炒腰丁”“炒鱼鳃腰片”等菜肴

菜肴实例 5　炒虾仁带底

“炒虾仁带底”是一道传统菜肴，由“炒虾仁”和“熘黄菜”两道菜肴组合而成。此菜起源于清代中叶，盛于清末民初，因当时经济萧条，饭店老板为满足客人既要面子又不想花大钱的目的而推出的廉价菜品，如“炒肉丝带底（粉皮底）”“炒虾仁带底（黄菜底）”“扒鱼翅带底（蹄筋底）”等，仍以原菜品冠名，但价钱则相差半数，故而风行一时。一些色香味形俱佳的带底菜肴仍流传至今，且兴盛不衰，形成了不可替代的风味特色，如“炒虾仁带底”“炒肉丝带底”等。

菜品名称	炒虾仁带底	
原料	主料	虾仁 150 克
	调辅料	水发香菇 25 克，青豆、荸荠各 15 克，鸡蛋黄 6 个，鸡蛋清 1 个，淀粉 30 克，精盐 3 克，味精 2 克，料酒 8 克，姜汁 3 克，植物油 500 克（实耗 50 克），熟猪油 75 克，鲜汤 200 克，姜米、香醋适量
工艺流程	1. 原料初加工： （1）将虾仁洗净，搌干水分，放入碗内，加鸡蛋清 1 个、淀粉 10 克上鸡蛋清浆叠匀 （2）香菇、荸荠去皮，切成小象眼片 （3）将鸡蛋黄用筷子打散，放入淀粉 15 克及味精、精盐、鲜汤打成蛋黄糊 **关键点：**虾仁上浆前搌干水分时动作要轻巧，以防虾仁搌烂，同时要搌干水分，以防滑油时脱浆。要控制好鸡蛋黄内所加淀粉、鲜汤的量，淀粉不能多加	

续表

菜品名称	炒虾仁带底
工艺流程	2. 炒制成菜： （1）锅放火上，热锅冷油，将上好浆的虾仁下锅，用勺划开，起锅滗油。锅放火上，将香菇、荸荠、青豆、姜汁、料酒、精盐、鲜汤兑成的汁下锅，汁烧沸后将虾仁下锅，翻一两个身出锅盛入碗内 （2）锅放火上，下入熟猪油75克，烧至五成热时把打好的蛋黄糊下锅，炒成稠糊状黄菜，盛入海碗内 （3）将炒好的虾仁倒在黄菜上，外带姜米、香醋即成 **关键点：**注意油温的控制。炒黄菜时火候不能大，要不停地推炒，以防煳锅底。注意盛装的造型
成品特点	鲜嫩醇香，爽口不腻，滋味鲜美
举一反三	用此方法将主料变化后还可以炒制“炒鱼仁带底”“炒鸡仁带底”等菜肴

菜肴实例6 炒白鱼片

“炒白鱼片”实为“爆炒白鱼片”，因以热锅冷油将鱼片炒成白色，故取此名。此菜以青鱼肉为主料爆炒而成，有一定的技术难度。成菜软嫩利口，汤汁紧包，鱼片雪白，不烂不碎，配以绿色的青豆、鲜嫩的蒜苗，白绿相间，赏心悦目。

菜品名称	炒白鱼片	
原料	主料	净青鱼肉250克
	调辅料	熟荸荠50克，水发香菇10克，青豆10克，蒜苗5克，鸡蛋清1个，湿淀粉25克，精盐2克，味精2克，料酒10克，姜片2克，头汤100克，熟猪油500克（约耗100克）

续表

菜品名称	炒白鱼片
工艺流程	1. 原料初加工： （1）将青鱼肉洗净，坡刀片成4厘米长、1.5厘米宽的大薄片 （2）将鸡蛋清、湿淀粉搅匀成薄浆，把片好的鱼片放入薄浆内抓匀 （3）熟荸荠去皮，与香菇同切成雪花片，蒜苗切成马牙段 （4）将精盐、料酒、味精、头汤兑成汁 **关键点：**鱼片要薄厚一致 2. 炒制成菜：炒锅放旺火上烧热，下入熟猪油，烧至三四成热时将鱼片抓匀散开下锅，用勺轻轻划散，鱼片变白时出锅滗油。锅再放火上，下入姜片、荸荠片、香菇片、青豆、蒜苗段和兑好的汁，倒入鱼片，颠翻均匀，出锅装盘即成 **关键点：**要注意油温的控制。鱼片下锅后用手勺划散的动作一定要轻巧，以防将鱼片划烂
成品特点	鱼片雪白，汤汁紧包，软嫩利口
举一反三	用此方法还可以炒制“炒鱼米”“炒鱼丝”等菜肴

六、熬炒

“熬炒”一词多见于豫菜，指将生料改刀成大块，先把主料煸好，煸时加酱油挂色，煸好后兑入调料，加适量水，然后改小火收汁，至汁浓成菜的一种烹调方法。熬炒菜肴的特点：色泽棕红光亮，肉软烂醇香。

工艺流程

原料加工切配 → 煸炒 → 熬炒成熟 → 装盘成菜

工艺指导

（1）熟悉原料的质地特性，合理选用。

（2）在刀工处理中应做到大小一致、规格统一，使其受热均匀。

（3）保证原料的成熟度，带骨的菜肴食用时肉能离骨。

（4）菜肴要有一定量的汤汁。

菜肴实例　熬炒鸡

“熬炒鸡”是豫菜中的一道大众菜。烹制此菜要选用一年生家养的小雏鸡，鸡宰杀洗净后快刀剁成块，先煸至入味，再下葱、姜、竹笋等调配料，加入高汤或适量水，中小火熬至汁浓肉烂、骨酥味醇。豫菜厨行中有“鸡吃谷头，鱼吃十”的顺口溜，即谷子露头时节，用当年的小雏鸡做“炒鸡丁”“炸八块”“熬炒鸡”等菜肴口感最佳，滋味最美，体现了豫菜“天、地、人、膳”合一，把握原料季节性的特点。

菜品名称	熬炒鸡	
原料	主料	雏鸡 750 克
	调辅料	葱 2 段，姜 2 片，冬笋 100 克，八角 1 个，酱油 50 克，料酒 10 克，精盐 3 克，味精 3 克，植物油 50 克，高汤适量
工艺流程	1. 原料初加工：将经过初步加工的雏鸡剁成核桃大小的块，冬笋切成滚刀块 **关键点：**加工规格符合要求 2. 熬炒成菜：热锅下入植物油，把葱、姜、八角炸出香味，下入鸡块煸炒，煸透后下入酱油、料酒、精盐、味精等调料和冬笋、高汤，用文火熬烂，收汁至浓稠时出锅装盘即成 **关键点：**控制好火候	
成品特点	色泽棕红光亮，鸡肉软烂醇香	
举一反三	用此方法将主料变化后还可以制作“熬炒小龙虾”等菜肴	

七、托炒

托炒是河南一带对抓炒的俗称，因挂糊时为防止原料被抓碎，用手抄托住原料进行翻拌，故得名。托炒菜肴主料要挂糊、过油、炸透再炒，一般不用配料，挂糊视原料质地不同而定，可用鸡蛋清淀粉糊，也可用纯淀粉糊。过油油温不可过高，以防原料卷曲成团。炒时要快，用汁要稀稠适度，不多不少正好包住主料。托炒菜肴的特点：明汁亮芡，皮香脆而内细嫩。

工艺流程

原料加工切配→上浆过油熟处理→烹汁炒制→装盘成菜

工艺指导

（1）熟悉原料的质地特性，合理选用。

（2）在刀工处理中应做到大小一致、规格统一，使之受热均匀。

（3）原料上浆稍厚，包裹均匀。

（4）炸制时控制好油温，掌握好原料炸制的色泽。

（5）掌握好芡汁的浓度及口味。

菜肴实例　托炒豆腐

相传，豆腐为西汉淮南王刘安发明。刘安，汉高祖刘邦的孙子，袭父封为“淮南王”，曾聚集数千才子共同编写《淮南子》，宣扬自然天道观。刘安好与八公（八位方士）精研炼丹之术，据说豆腐是在炼丹之中无意创成。因刘安当年炼丹地在安徽淮南八公山，因此后人也称豆腐为八公山豆腐，以纪念刘安为老百姓发明了既经济又营养的食品。

菜品名称	托炒豆腐	
原料	主料	豆腐 250 克
	调辅料	鸡蛋 1 个，水淀粉 100 克，精盐 2 克，酱油 3 克，葱花 10 克，白糖 100 克，植物油 1 000 克（实耗 50 克）
工艺流程	1. 原料初加工：将豆腐切成 1 厘米见方的丁，用开水煮透捞出晾凉备用 **关键点：**所选豆腐质感要稍硬一点，以防挂糊时软烂 2. 炒制成菜： （1）将豆腐丁用搌布搌干水分，挂上用鸡蛋、水淀粉和适量植物油调制的酥糊待用	

续表

菜品名称	托炒豆腐
工艺流程	（2）锅内放入植物油烧热，下入豆腐丁炸至金黄色捞出 （3）锅内留底油，烧热后放入葱花、精盐、酱油、白糖等调料和适量清水，烧开后勾芡烘汁，再放入炸好的豆腐丁翻匀，出锅装盘即成 **关键点：**炸豆腐丁时油温要适中，豆腐丁一次不宜下得太多。豆腐丁在锅中加热时间不宜过长，否则口感不好
成品特点	色泽红亮，外焦里嫩，甜咸适口
举一反三	用此方法将主料变化后还可以制作“托炒里脊”“托炒鱼片”等菜肴

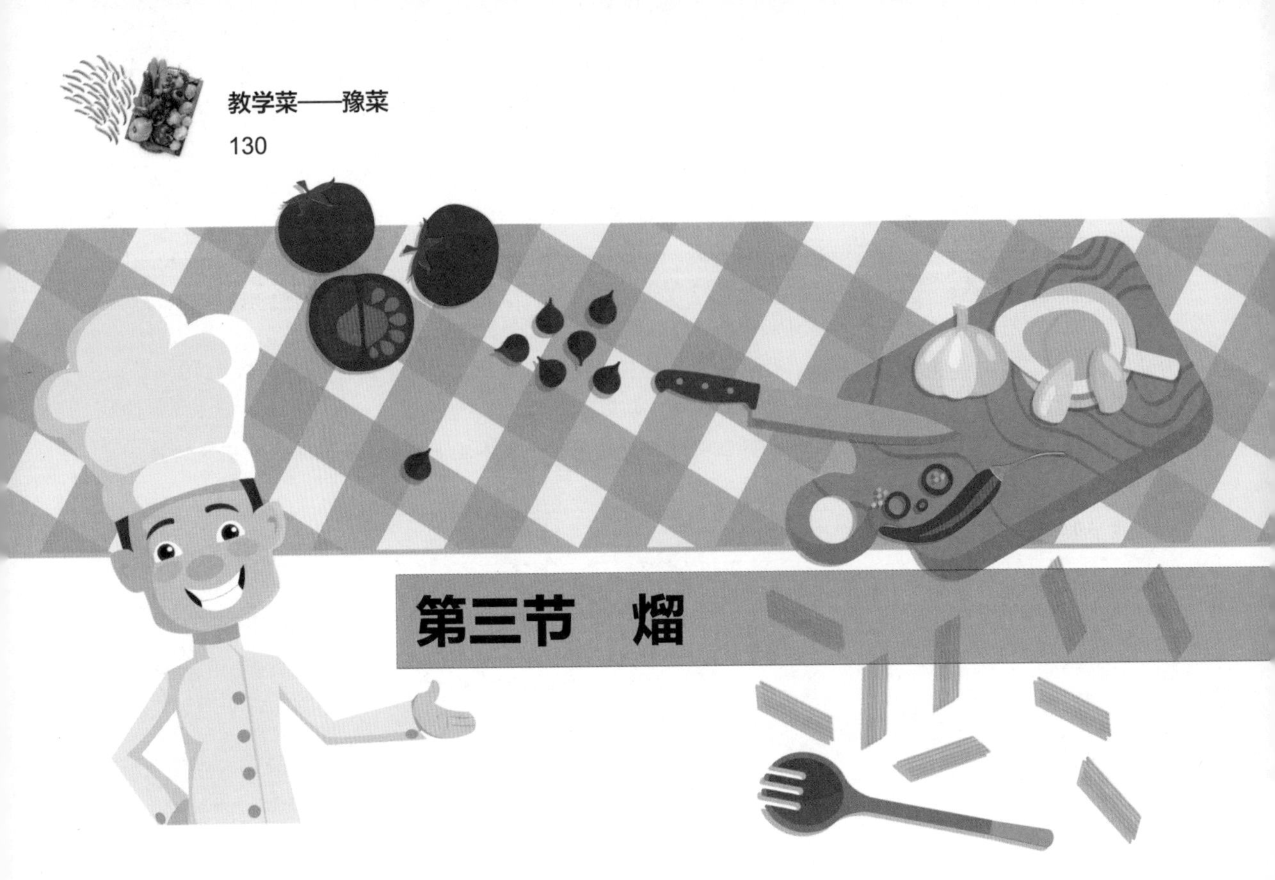

第三节 熘

熘是指根据原料的不同性质，选用不同的加热介质及方法将切配成丝、丁、片、块等的小型原料烹制成熟，再淋浇上或裹上较多卤汁成菜的烹调方法。根据成品质感的不同、加热介质的不同，熘可分为焦熘、滑熘、软熘等方法。熘制菜肴的特点：或鲜嫩、或滑脆、或干香，芡汁紧包原料。

一、焦熘

焦熘俗称炸熘、脆熘，是指将加工成型的原料先用调味品腌渍入味，再挂糊放入热油锅中，炸至外表金黄脆硬时捞出，最后裹上或淋浇上汤汁的一种熘制方法。焦熘菜肴有两种制作方法。一种是浇汁，一种是就锅熘。浇汁是把炸好的主料捞出，装在盘里，把兑制好的汁倒入锅内搅炒，汁沸时加入热油，用旺火一手晃锅一手拿勺推汁，使油溶入芡内，暄起冒泡（这个过程称作烘汁），起锅浇在主料上。就锅熘是把主料炸好后，把锅内油滗出，滗出时留一点底油，把糖醋汁倒入锅内和主料一起熘制。焦熘菜肴的色泽、口味多种多样。北方菜多用糖与醋调汁，其色淡红或呈深黄色，味甜酸或咸鲜而稍酸，如焦熘丸子、炸熘肉片。南方多用番茄酱调汁。焦熘菜肴的特点：外层酥脆，内部鲜嫩，味浓汁宽。

工艺流程

选择原料初加工→切配码味→挂糊拍粉→炸制→兑汁熘制成菜

工艺指导

（1）刀工处理原料要求规格一致、整齐划一，这样炸制原料时才能受热均匀、易于入味，菜肴形态美观。

（2）码味以基本咸味为准。

（3）控制好糊粉的干稀厚薄。

（4）掌握好油的温度。初炸时将挂糊的原料用温油炸至定型、断生即可捞出，复炸要用旺火高油温，使原料表面快速炸至酥脆。

（5）卤汁在炒制时要炒活，浇到原料上时会发出“吱吱”的响声，达到渗透入味的目的。

菜肴实例1　糖醋熘里脊

“糖醋熘里脊”以猪里脊肉为主材，通过精细的刀工处理，以炸、熘技法烹制而成，成菜酸甜可口，外酥里嫩，香气扑鼻，颇受食客青睐。

菜品名称	糖醋熘里脊	
原料	主料	猪里脊肉200克
	调辅料	白糖100克，葱花5克，蒜茸5克，醋40克，酱油2克，精盐1克，鸡蛋1个，湿淀粉50克，干淀粉10克，面粉10克，植物油750克（约耗100克），料酒少许
工艺流程	1. 原料初加工： （1）把里脊肉切成1厘米厚的片，两面解上斜方形花纹，先切成2厘米宽的条，再斩切成4厘米长的斜方块，用少许精盐、料酒码味 （2）将白糖、醋、酱油、精盐、葱花、蒜茸、干淀粉放在碗内，加适量水兑成糖醋汁 （3）将鸡蛋、湿淀粉、面粉、植物油20克搅成厚糊，把里脊肉放入抓匀	

续表

菜品名称	糖醋熘里脊
工艺流程	**关键点：**要选用鲜嫩的里脊肉，也可选用通脊肉等质地较为细嫩、没有筋膜的瘦肉代替主料。解刀口要整齐，挂糊要均匀，调味要准确 2. 炸制：净锅置火上，加入植物油，烧至五成热时下入挂上糊的里脊肉块，炸至呈浅柿黄色时捞起。待油温升至七成时再将里脊肉块下入复炸一次，呈柿黄色时捞出控油 **关键点：**掌握好油温，注意原料的成熟色泽 3. 兑汁熘制成菜：炒锅置火上，将兑好的糖醋汁倒入锅中，炒至糖化汁黏，下入热油 10 克烘汁，待汁起泡时下入炸好的里脊肉块颠翻均匀，出锅装盘即成 **关键点：**掌握好火候
成品特点	色泽柿红，外酥里嫩，酸甜味浓
举一反三	用此方法将主料变化后还可以熘制“糖醋鱼”“焦熘肉片”等菜肴

菜肴实例 2　炸熘茄龙

宋代郑安晓的《茄》，诗云：青紫皮肤类宰官，光圆头脑作僧看。如何缁俗偏同嗜？入口原来总一般。说明当时茄子的果皮以紫的为多，而且雅俗共赏。老百姓餐桌上更有“烧茄子”“拌茄泥”等家常菜肴。餐桌上，茄子除做汤外，还有凉拌、热炒、红烧、油焖、清炖、白煮等做法。

菜品名称	炸熘茄龙	
原料	主料	茄子 300 克
	调辅料	葱姜水 100 克，白糖 50 克，番茄酱 30 克，醋 20 克，精盐 5 克，鸡蛋 1 个，干玉米淀粉适量，植物油 1 000 克（实耗 70 克）
工艺流程	1. 原料初加工： （1）选取新鲜的紫色长茄，将整只茄子切成蓑衣花刀。将鸡蛋、玉米淀粉调制成全蛋糊 （2）锅内下入植物油，烧至五六成热时，将茄子挂全蛋糊下入油锅炸透，呈柿黄色时捞出 （3）将炸好的茄子盛入盘中，摆成茄龙造型 **关键点：**刀口整齐，挂糊均匀，造型优美	

续表

菜品名称	炸熘茄龙
工艺流程	2.熘制成菜：锅内下入葱姜水、番茄酱、白糖、醋、精盐，待汁沸勾入水粉芡，加入热油将汁烘活，把烘好的汁浇在茄子上即成 **关键点：**掌握好火候
成品特点	造型优美，外焦里嫩，酸甜味浓
举一反三	用此方法将主料变化后还可以熘制“炸熘茄条”“炸熘鱼片”等菜肴

菜肴实例 3　茄汁菊花鱼

“茄汁菊花鱼”是一道颇能体现厨师功夫的菜肴，此菜集原料选择、刀工处理、糊粉处理、火候掌握、油温控制、调味勾芡等技巧为一体，成菜宛如朵朵盛开的菊花，造型逼真，色泽鲜艳，散发出阵阵诱人的芳香，吃起来口感外酥里嫩，酸甜爽口，颇受客人喜爱。

菜品名称		茄汁菊花鱼
原料	主料	青鱼肉 300 克
	调辅料	干淀粉 200 克，白糖 100 克，米醋 50 克，精盐 5 克，料酒 5 克，姜汁 5 克，番茄酱 30 克，植物油 1 500 克（实耗 100 克）
工艺流程	1. 原料初加工：将青鱼肉皮向下置于砧板上，解十字花刀，直至鱼皮，然后切成约 3 厘米见方的块，用料酒、精盐、姜汁腌渍一下，搌干水分，逐块拍上干淀粉备用 **关键点：**鱼肉要有一定的厚度，宜用青鱼、鲤鱼、鳜鱼的肉。刀工要精细，刀纹解至鱼皮，但不能将鱼皮解破。拍粉要均匀，“花瓣”无粘连，要抖去多余的干淀粉 2. 熘制成菜： （1）油入锅，烧至六七成热时，将鱼块抖开呈菊花状下锅，炸至微黄色时捞出摆在盘内 （2）炸鱼块的同时，另用锅将白糖、米醋、精盐、番茄酱、淀粉烧制成茄汁，浇在炸好的鱼块上即成 **关键点：**鱼块拍粉后要立即入油锅炸制，油温要高一些，以防脱糊。鱼块下入锅中要稍停一下再翻动	
成品特点	色泽红亮，形似菊花，甜酸适口	
举一反三	用此方法还可以熘制“葡萄鱼”“松鼠鱼”“玉蜀鱼”等菜肴	

菜肴实例4 焦熘块鱼

熘鱼妙在将汁烘起，谓之活汁。豫菜专家张海林《名菜之妙说熘鱼》这样解释：何为活汁？一是鱼汁上桌泛出泡花，这是活，否则功夫不到；二是鱼汁中糖、醋、油三物，甜、咸、酸三味相和，在烹制时，以高温搅拌，使其充分融合，各物各味俱在，但均不出头，油多、糖多而不腻，且甜中透酸，酸中微咸，因和而活，取其谐音亦称活汁。

菜品名称	焦熘块鱼	
原料	主料	鲤鱼肉200克
	调辅料	鸡蛋半个，粉芡30克，白糖120克，醋100克，盐水10克，酱油5克，葱、蒜各20克，料酒10克，鲜汤100克，植物油500克（约耗100克）
工艺流程	1. 原料初加工：将经过初步加工的鲤鱼肉用刀解开，切成6厘米长、3厘米宽、0.8厘米厚的块。将鸡蛋、粉芡、酱油放在碗里打成糊，下入块鱼叠匀。葱切成花，蒜切成米 **关键点：**鱼块刀口要整齐，大小、厚薄一致 2. 熘制成菜：锅放旺火上，添入植物油，烧至七成热，将鱼逐块下锅，炸成柿黄色，出锅沥油。将锅再放旺火上，下入葱花、蒜米、白糖、醋、盐水、料酒、酱油和鲜汤，汁沸时勾入流水芡，加油烘汁，将汁烘起后，倒入鱼块翻匀，出锅装盘即成 **关键点：**鱼块挂糊稀稠要恰当，掌握好火候，炸时油温不宜过高。烘汁时应将汁烘起	
成品特点	色泽红亮，鱼肉鲜嫩，味透酸甜	
举一反三	用此方法将主料变化后还可以熘制“熘冬瓜条”“熘虾片”等菜肴	

二、滑熘

滑熘是指将切配成型的原料经上浆处理后，放入温油锅中滑油至成熟，再放入调制好的卤汁中熘制成菜的方法。滑熘根据调味料的不同还可分为糟熘和醋熘等方法。滑熘菜肴的特点：滑嫩鲜香，清淡爽口。

工艺流程

原料初加工 → 切配码味 → 挂糊拍粉 → 滑油 → 兑汁熘制成菜

工艺指导

（1）原料上浆必须上劲，咸淡适宜，粉浆厚薄恰当，原料下锅后才容易划散。

（2）滑油时，要选择熟猪油或浅色精炼植物油。

（3）掌握好油温，在三四成热时滑油最为适宜。

（4）滑熘菜肴一般以酸甜味为主，也有咸鲜味的。原料码味要准确，过咸或过淡都会影响复合味。

菜肴实例　滑熘肉片

“滑熘肉片”是一道传统豫菜，取料大众，口味多样，多用于家常菜或一般宴席。

菜品名称		滑熘肉片
原料	主料	猪里脊肉 250 克
	调辅料	葱段 5 克，鸡蛋清 1 个，湿淀粉 20 克，白糖 25 克，香醋 20 克，精盐 4 克，葱花 1 克，精炼植物油 500 克，料酒 5 克
工艺流程	1. 原料初加工：将里脊肉切成片，放入碗中加精盐、料酒码味。用鸡蛋清、湿淀粉调成蛋清浆，放入肉片上浆挂匀。将湿淀粉、白糖、香醋、精盐、料酒、葱花调匀成调味芡汁 **关键点：**要选择鲜嫩的里脊肉，也可用通脊肉等质地较细嫩、没有筋膜的瘦肉。刀口要整齐，上浆要均匀，调味要准确 2. 滑油：锅置火上，加入精炼植物油，烧至四成热时，下入上好浆的里脊肉片，划开至断生后出锅滗油	

续表

菜品名称	滑熘肉片
工艺流程	**关键点**：掌握好油温，注意原料的成熟色泽 3. 熘制成菜：净锅置火上，放入底油，下入葱段略煸炒，倒入调味芡汁，待汁加热沸腾时下入滑好的肉片翻匀，淋入明油，出锅装盘即成 **关键点**：掌握好熘制的火候
成品特点	色泽乳白，肉质鲜嫩，食而不厌
举一反三	用此方法将主料变化后还可以熘制“滑熘里脊丝”“糟熘鱼片”“熘素瓦块鱼”等菜肴

三、软熘

软熘是指将质地柔软细嫩的主料经浸炸熟、煮熟、蒸熟等，再兑汁成菜的一种熘制方法。软熘菜肴的特点是色泽枣红，软嫩鲜香，甜酸中微透咸味。

工艺流程

原料初加工→刀工处理→加热成熟→捞出装盘→熘汁淋浇在原料上成菜

工艺指导

（1）软熘菜肴的形状要求美观大方，因此，解刀不应损伤整体形状，块的大小要一致。

（2）要掌握好原料和芡汁的成熟度。如鱼要刚断生即捞出，这样成菜后才有良好的口感和质感。熘制芡汁要注意主料的成熟度，掌握好芡汁的用量与菜肴数量的比例。

（3）根据原料的性质和烹调要求进行熟处理。在水煮时，锅中应加入适量的去腥调味品，如葱、姜、绍酒等。如选用汽蒸时，原料应适当腌渍一下，达到去腥和初步调味的目的。如用油进行熟处理，要选用植物油，油要清澈，且为熟油。

鲤鱼在我国历来被尊称为“诸鱼之长”或“鱼王”。黄河从郑州桃花峪始变为下

游，河床平坦，流速缓慢，饵料丰富，故鲤鱼膘肥肉嫩，滋味纯正。黄河鲤鱼体态艳丽，鱼鳍为淡红色，两侧鱼鳞金光闪闪，俗称“金色黄河大鲤鱼”。1900年，慈禧从西安返京途经开封，对此菜大赞其妙，更使其声名鹊起。此菜之妙，熘占五分。豫菜的这个熘，是指将鱼解刀后不挂糊、不上浆，以油温六成热下锅，顿火浸炸至透，因此鱼肉表层软嫩而非焦脆，谓之软熘，为豫菜特有的技法之一。

<table>
<tr><th>菜品名称</th><th colspan="2">软熘黄河鲤鱼</th></tr>
<tr><td rowspan="2">原料</td><td>主料</td><td>黄河鲤鱼1尾（约750克）</td></tr>
<tr><td>调辅料</td><td>葱花5克，湿淀粉20克，白糖150克，香醋50克，料酒25克，精盐2克，姜汁3克，花生油1 500克，清水适量</td></tr>
<tr><td>工艺流程</td><td colspan="2">1. 原料初加工：将黄河鲤鱼刮去鳞、挖掉腮，鱼头朝里，从腹鳍外侧顺长开口，取出内脏，洗净。把鱼扩一下，胸鳍、背鳍、腹鳍、尾鳍各修掉1/3，在鱼肉两面解瓦楞形花纹
关键点：要选择黄河鲤鱼作主料，宰杀时鳞片、腮和内脏要去除干净。加工方法要正确，刀工要整齐，形状要美观
2. 熘制成菜：锅洗干净，放入花生油，烧至六成热时下入鲤鱼浸炸至熟透，出锅滗油。锅再放火上，把葱花、白糖、香醋、料酒、精盐和炸透的鱼一起放入锅内，添入适量清水和姜汁，使用武火，边熘边用勺推动，并将汁不断撩在鱼身上。待鱼两面吃透味，下入湿淀粉用手勺推搅成浓汁，滚沸起泡将汁烘活，出锅装盘即成
关键点：掌握好火候和口味</td></tr>
<tr><td>成品特点</td><td colspan="2">色泽枣红，软嫩鲜香，甜酸中微透咸味</td></tr>
<tr><td>举一反三</td><td colspan="2">用此方法将主料变化后还可以熘制“五柳青鱼”“软熘鸭心”等菜肴</td></tr>
</table>

第四节　爆

爆是指将脆性（成熟后）的动物性原料加工成片、丁、粒或解花刀等形状，投入旺火热油、中油量的锅中或沸水、沸汤中快速烹调成菜的一种烹调方法。根据传热介质和特殊配料的不同，爆又可以分为油爆、酱爆、葱爆、芫爆、汤爆等方法。用“爆”的方法制作菜肴，选料严且要求高。选料严是指爆菜的原料多属同类中的上乘原料。要求高是指在质、味、香、形、色等方面都很讲究。仅以汤汁而言，油爆菜要求汤汁包着菜而不蛰底。菜吃过以后，盘内只有几滴油珠而不见汤汁，汤汁全部包在菜上，才算达到要求，俗称“吃汁不见汁”。爆制菜肴除厨师要刀功娴熟，锅功利索，勺功准确，调味、火候都掌握得恰到好处之外，有些菜肴还必须及时进食，方能体现烹调技术，如水爆肚之类的菜肴，时间一长，吃起来只感到脆而不显软嫩。爆制菜肴的特点：形状美观，脆嫩爽口，紧汁亮油。

一、油爆

油爆是指将加工成型的脆性动物性原料投入旺火热油锅中，使原料在极短的时间内烹调成菜的一种爆制方法。油爆菜肴的特点：形状美观，质地脆嫩鲜香，调味清爽利口。

工艺流程

选择原料初加工→刀工处理→上浆→初步熟处理→兑汁爆制成菜

工艺指导

（1）刀工成型要大小一致，刀口深浅均匀。

（2）掌握好火力和油温。

（3）芡汁调制要及时。

（4）掌握好爆菜技巧。

菜肴实例 1　油爆鱿鱼卷

“油爆鱿鱼卷”是豫菜中刀功和火功并重的一道菜肴，可以体现厨师的技艺水平。鱿鱼又称柔鱼，学名枪乌贼。制作这款菜肴有鲜鱿与涨发鱿鱼之分，尤以爆鲜鱿为佳，初步熟处理无论是飞水或过油、熟处理后烹制速度要快，否则形体收缩质地极易变老难以咀嚼。

<table>
<tr><th>菜品名称</th><th colspan="2">油爆鱿鱼卷</th></tr>
<tr><td rowspan="2">原料</td><td>主料</td><td>鲜鱿鱼 300 克</td></tr>
<tr><td>调辅料</td><td>鲜笋 20 克，青椒、红椒各 25 克，淀粉 15 克，精盐 3 克，料酒 5 克，味精 2 克，植物油 750 克（约耗 50 克），鲜汤 50 克</td></tr>
<tr><td>工艺流程</td><td colspan="2">1. 原料初加工：将鲜鱿鱼顺长一破两半，撕去筋膜，解荔枝花刀，然后切成 5 厘米长、2 厘米宽的长方块。辅料均切成条状
关键点：应选择体型完整、质好的鱿鱼作主料，但肉质不宜过厚，切配时刀口要整齐，荔枝形态要逼真
2. 兑制味汁：在鲜汤内加入精盐、料酒、味精等调味料，并放入适量淀粉兑成芡汁
关键点：掌握好味型和淀粉量
3. 爆制成菜：
（1）锅放火上，加水烧开，将鱿鱼块先焯一下水，捞出控净水分，再把鱿鱼放入七成热的油锅中过油，捞出控油备用
（2）鲜笋、青椒、红椒等辅料飞水备用
（3）锅内留底油，倒入芡汁，烧至汁沸后下入主辅料翻匀，淋入明油，出锅装盘即成
关键点：掌握好火候。鱿鱼过油前一定要把水分控干净，而且过油时速度要快，以免过油时使油溅出</td></tr>
<tr><td>成品特点</td><td colspan="2">刀口美观，色彩鲜艳，口味咸鲜</td></tr>
<tr><td>举一反三</td><td colspan="2">用此方法将主料变化后还可以爆制“油爆肚仁”“油爆双脆”“油爆响螺片”等菜肴</td></tr>
</table>

菜肴实例 2　掐菜爆鸡丝

“掐菜爆鸡丝”为传统豫菜，此菜要以细腻的刀工将鸡脯肉切成细丝，巧妙地运用火候和娴熟的烹调技艺使菜肴快速成熟。成菜色泽洁白，鸡肉丝软嫩鲜香，适用于各种宴席。

菜品名称	掐菜爆鸡丝	
原料	主料	鸡脯肉 250 克
	调辅料	掐菜（绿豆芽掐去两头）100 克，精盐 4 克，料酒 5 克，味精 3 克，姜汁 10 克，鸡蛋清 20 克，湿淀粉 15 克，头汤 50 克，熟猪油 500 克（约耗 50 克）
工艺流程	1. 原料初加工：将鸡脯肉片成薄片后，再切成 0.3 厘米粗细的丝，用清水追一下，捞出揾干水分，放入碗内，加入鸡蛋清、湿淀粉抓匀备用 **关键点：**鸡丝要粗细、长短均匀一致 2. 爆制成菜：炒锅置火上烧热，放入熟猪油（热锅冷油），将鸡丝下锅，用筷子划散，见鸡丝收缩，将掐菜也下入锅中，出锅滗油。锅内留余油少许置火上，将味精、料酒、精盐、姜汁和头汤兑成的汁下入锅中，汁沸后下入掐菜和鸡丝，端锅离火，淋入明油翻匀，出锅装盘即成 **关键点：**鸡丝滑油快出锅时再将掐菜下入油锅，一同滑油出锅	
成品特点	色泽洁白，鲜嫩软滑	
举一反三	用此方法将主料变化后还可以爆制“笋丝爆鸡丝”“掐菜爆腰丝”等菜肴	

二、酱爆

酱爆是指以优质酱油、炒熟的甜面酱、黄酱或酱豆腐（豆腐乳）爆炒已预熟的主料和辅料，使原料快速成菜的一种爆制方法。酱爆菜肴的特点：色红油亮，酱香浓郁，脆爽适口。

工艺流程

选择原料初加工 → 切配 → 焯水过油 → 兑汁爆制成菜

工艺指导

（1）掌握用酱、用油的比例，一般酱的用量为主料的 1/5 比较合适，油的用量为酱的 1/2 比较适宜。

（2）一般根据酱的稀稠度来增减油的用量，酱汁稀的用油少些，酱汁稠的用油多些。

（3）酱要先用小火炒熟炒透，炒出香味，炒去部分水分，使之酱香浓郁、稀稠恰当，再下入主辅料。

（4）在菜肴烹制时放糖不可过早，应在菜肴即将成熟时下入。

菜肴实例 1　酱爆鳝片

“酱爆鳝片”是一款常见的传统菜肴，现在饭店多以色艳、香浓、味厚的 XO 酱为主要调味品，令人口味一新。

菜品名称		酱爆鳝片
原料	主料	鳝片 400 克
	调辅料	青椒、红椒各 25 克，湿淀粉 5 克，XO 酱 15 克，味精 2 克，精盐 4 克，姜、蒜各 3 克，胡椒粉 1 克，植物油 500 克，料酒 5 克，芝麻香油 5 克，高汤 40 克
工艺流程	1. 原料初加工：将鳝片清洗干净，切成 4 厘米长的片。青椒、红椒均切成片，姜切米，蒜切片 **关键点：**要选择鲜活肥壮的鳝鱼作主料。加工时刀口要整齐、大小均匀、形状美观 2. 初熟制备：把鳝片先用水锅焯过，再用五成热的油过油，鳝片八成熟时，下入青椒片、红椒片，拌匀后出锅滗油 **关键点：**掌握好油温，注意原料的成熟度及色泽 3. 爆制成菜：锅洗干净，放入底油，爆香 XO 酱，下入主料略煸炒，烹入料酒，再下入精盐、味精、胡椒粉等调辅料和高汤调味、湿淀粉勾芡翻匀，淋入芝麻香油，出锅装盘即成 **关键点：**掌握好火候和口味	

续表

菜品名称	酱爆鳝片
成品特点	味鲜而爽，酱香浓郁
举一反三	用此方法将主料变化后还可以爆制“酱爆鸡丁”“酱爆墨鱼仔”“酱爆海鲜”等菜肴

菜肴实例 2　豫爆肉丁

豫菜中制作如“酱炙鱼”“豫爆鸡丁”“酱炙肉片”“炒回锅肉”等菜肴都少不了用到甜面酱。甜面酱又称甜酱或面酱，是以面粉为主要原料，经制曲和保温发酵制成的一种酱状调味品，其味甜中带咸，又有酱香和酯香，常用于酱爆、酱烧类菜肴的制作，同时还可蘸食大葱、黄瓜、烤鸭等菜品，是北方菜系中重要的调味料。酱的制作与食用在我国有着悠久的历史，古有“成汤制醢，周公制酱”之说。《周礼·膳夫》有“凡王之馈，食用六谷，膳用六牲，饮用六清，羞用二十品，珍用八物，酱用百有二十瓮”的记载。孔子在《论语》中提出著名的“八不食”就有“不得其酱，不食”。由此可见，酱在饮食调味中的重要作用。

菜品名称		豫爆肉丁
原料	主料	扁担肉（猪通脊）250 克
	调辅料	花生米 100 克，鸡蛋 1 个，淀粉 30 克，葱花、姜米、辣椒末各 5 克，酱油 15 克，料酒 5 克，甜面酱 25 克，白糖 5 克，味精 2 克，精盐 1 克，芝麻香油 100 克，植物油 500 克（实耗 50 克），清汤适量
工艺流程		1. 原料初加工：将扁担肉片成 0.3 厘米厚的大片，肉片两面用立刀交错解十字花纹，再切成边长 1.3 厘米的丁 **关键点：**解十字花纹时要掌握好深度和行刀的方向，既要解透又不能解烂 2. 爆制成菜： （1）将鸡蛋、淀粉、酱油 10 克放入碗中调制成糊，再放入切好的肉丁拌匀，下到六成热的油锅中炸透滗油 （2）锅内下芝麻香油，把甜面酱炸一下，投入葱花、姜米、辣椒末，添少许清汤和料酒、白糖、精盐、味精等调味料，把汁烘活，然后下入肉丁和花生米，迅速翻几个身，出锅装盘即成 **关键点：**甜面酱不能炸过、炸老，否则甜面酱不亮或粒大，影响口味。花生米不能放得过早，以免不脆
成品特点		呈棕黄色，鲜嫩脆香，甜酱味长，略有辣味
举一反三		用此方法将主料变化后还可以爆制“豫爆鸡丁”“酱炙肉片”等菜肴

三、葱爆和芫爆

葱爆因以大葱为配料而得名，方法与油爆相同，是用葱丝、葱块（滚刀块）或葱段，配拌腌入味的主料，旺火热锅热油爆炒成菜的爆制方法，如“葱爆羊肉”“葱爆牛柳”等。葱爆菜肴的特点：主料鲜嫩可口并散发浓郁的葱香。

芫爆因以芫荽（香菜）为配料而得名，方法也与油爆相同，主料多加工成片、条、球、卷等形状，所兑调味汁胡椒粉味重。芫爆菜肴多为主料本色，不外加酱油，又以芫荽为配料，成菜味鲜而清爽，香（芫荽味）辣（胡椒辣味）味较浓，如“芫爆里脊丝”等。芫爆菜肴的特点：色调雅致，清鲜味爽，芫荽味浓郁。

工艺流程

选择原料初加工 → 刀工处理 → 上浆 → 初步熟处理 → 兑汁爆制成菜

工艺指导

（1）原料上浆必须上劲，咸淡适宜，糊浆厚薄恰当，原料下锅后才容易划散。

（2）滑油时，要根据菜肴的色泽选择植物油。

（3）掌握好油温，油温在三四成热时滑油最为适宜。

（4）原料码味要准确，过咸或过淡都会影响复合味。

菜肴实例1　葱爆羊肉

“葱爆羊肉”是豫菜的传统清真名菜，选用羊臀尖肉，经刀工处理，配以大葱、嫩姜烹制而成，成菜软嫩鲜香。羊肉用于医疗保健的历史悠久，《伤寒杂病论》一书中就有用当归、生姜、羊肉汤来治病的记载。羊肉味甘性温，具有益气补虚等作用。

<table>
<tr><th>菜品名称</th><th colspan="2">葱爆羊肉</th></tr>
<tr><td rowspan="2">原料</td><td>主料</td><td>羊后腿肉 300 克</td></tr>
<tr><td>调辅料</td><td>葱白 150 克，姜丝 15 克，鸡蛋 30 克，淀粉 30 克，精盐 5 克，料酒 10 克，味精 3 克，酱油 20 克，芝麻香油 10 克，五香粉 3 克，植物油 500 克</td></tr>
<tr><td>工艺流程</td><td colspan="2">1. 原料初加工：将葱白切成马蹄段。羊肉切成 3.5 厘米长、2.5 厘米宽、0.2 厘米厚的片，用鸡蛋、淀粉、酱油上浆码味
关键点：羊肉片要切得厚薄均匀
2. 爆制成菜：
（1）将锅洗净放旺火上烧热，下入植物油，烧至五成热时，下入羊肉片划散，倒出沥油
（2）锅内留油少许，放旺火上烧热，下入葱白段、姜丝、五香粉炒出香味，放入羊肉片及料酒、精盐、味精等调料，迅速翻拌均匀，淋上芝麻香油出锅装盘即成
关键点：火候恰当，略有清汁，不勾芡</td></tr>
<tr><td>成品特点</td><td colspan="2">呈棕黄色，鲜嫩脆香</td></tr>
<tr><td>举一反三</td><td colspan="2">用此方法将主料变化后可以爆制“葱爆肉片”“葱爆肚片”等菜肴</td></tr>
</table>

菜肴实例 2　芫爆里脊丝

“芫爆里脊丝”是传统豫菜，取料大众，多为咸鲜口味。芫荽又称香菜，原产地中海沿岸及中亚地区，中国在汉代由张骞引入，故又称胡荽。芫荽具有调香、健胃、消食的功效。

<table>
<tr><th>菜品名称</th><th colspan="2">芫爆里脊丝</th></tr>
<tr><td rowspan="2">原料</td><td>主料</td><td>猪里脊 250 克</td></tr>
<tr><td>调辅料</td><td>芫荽 50 克，湿淀粉 10 克，味精 3 克，精盐 3 克，料酒 5 克，鸡蛋清 1 个，胡椒粉 3 克，清汤 20 克，植物油 500 克（约耗 50 克）</td></tr>
<tr><td>工艺流程</td><td colspan="2">1. 原料初加工：
（1）芫荽切成段备用</td></tr>
</table>

续表

菜品名称	芫爆里脊丝
工艺流程	（2）把里脊肉切成丝，用冷水追一下（放冷水碗内稍泡一下，让肉丝变白），捞出后搌干水分，放入碗中用精盐、料酒码味 （3）用鸡蛋清、湿淀粉调成蛋清浆，放入肉丝，上浆挂匀 （4）另取一小碗，放入精盐、味精、料酒、清汤、胡椒粉、湿淀粉兑成调味芡汁 **关键点：**要选用鲜嫩的里脊肉，也可用通脊等质地较为细嫩或没有筋膜的瘦肉代替主料 2. 爆制成菜：锅置火上，加入植物油，烧至三四成热时（热锅冷油）下入上好浆的里脊丝滑至成熟捞出。净锅放入底油，勾入调味芡汁，淀粉糊化后下入里脊丝翻匀，再下入芫荽段炒拌均匀，淋入明油，出锅装盘即成 **关键点：**掌握好油温以及爆制的火候、勾入调味芡汁的量
成品特点	绿白相间，清鲜味爽
举一反三	用此方法将主料变化后还可以爆制“芫爆乌鱼条”“芫爆散丹”“芫爆肚丝”等菜肴

四、汤爆

汤爆又称水爆，是指将原料用沸水焯至半熟后放入盛器内，再用调好味的沸汤冲入盛器，使之快速成熟的一种爆制方法。汤爆菜肴的特点：脆嫩爽口，清鲜不腻。

工艺流程

选择原料→初加工→刀工处理→焯水→爆制成菜

工艺指导

（1）原料加工成丁、丝、片等小型形状，有的原料要解花刀。

（2）焯水速度要快，一烫即出锅。

（3）冲熟时，易熟的原料一冲即成，不易成熟的原料应多冲几次。

菜肴实例　水爆牛肚

此菜采用水爆技法，即将原料放入 90 ℃以上的开水中滚烫后，迅速捞出，以保

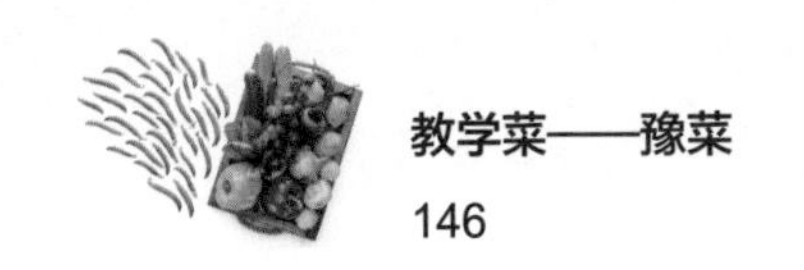

持原料的脆嫩性。水爆肚使用的调味品为豆腐乳、甜面酱、芝麻酱、虾油、芝麻香油、酱油、香醋、精盐、料酒等，而且这些又要和韭花、韭黄、蒜苗花等配料拌在一起。喜欢什么就放什么，口味轻重由食者自定。

<table>
<tr><th>菜品名称</th><th colspan="2">水爆牛肚</th></tr>
<tr><td rowspan="2">原料</td><td>主料</td><td>牛肚领 500 克</td></tr>
<tr><td>调辅料</td><td>豆腐乳半块，香菜末 5 克，姜末 5 克，味精 10 克，芝麻酱 25 克，辣椒油 5 克，芝麻香油 25 克，香醋 20 克，精盐 4 克，酱油 10 克，料酒 15 克</td></tr>
<tr><td>工艺流程</td><td colspan="2">1. 原料初加工：将牛肚领放入 80 ℃左右的热水中蘸一下，刮去草芽和外部蒙膜，放在砧板上揭去油皮。顶丝切成 2.5 毫米厚的薄片，放在凉水中浸泡、漂净，捞出搌干水分
关键点：要选择鲜嫩、个大体厚的牛肚领作主料，加工时刀口要整齐，加工方法正确
2. 爆制成菜：锅置火上，加入清水，水沸后将肚片放在笊篱中入开水锅内烫一下，断生后捞出，放入凉开水碗内，上菜时将肚片连凉开水放入汤盘。将豆腐乳、芝麻酱澥开，与姜末、味精、香醋、精盐、酱油、料酒、芝麻香油等调味品调成汁，随肚片一起上桌，外带辣椒油、香菜末即成
关键点：掌握好水温和烫制的时间</td></tr>
<tr><td>成品特点</td><td colspan="2">质地脆嫩，汤质清淡，味道香醇</td></tr>
<tr><td>举一反三</td><td colspan="2">用此方法将主料变化后还可以爆制“汤爆猪肚”“汤爆鸡胗”“汤爆螺片”等菜肴</td></tr>
</table>

第六章
制作煎、烹类菜肴

学习目标

1. 了解煎、烹类菜肴的制作工艺流程及特点
2. 掌握煎、烹类菜肴的制作方法及要领
3. 学会用煎、烹的方法制作各种菜肴

第一节　煎

煎是指锅中加少量油加热，放入经刀工处理成扁平状的原料，用小火加热至原料两面呈金黄色、酥脆成菜的烹调方法。煎制菜肴的特点：色泽金黄，外酥脆、里鲜嫩。

工艺流程

选择原料 → 刀工处理 → 调制或挂糊 → 小火煎制 → 调味装盘 → 成菜

工艺指导

（1）选用原料要求是新鲜无骨的动物性原料和部分植物性原料。

（2）煎制菜肴的原料多数要先经过调味腌渍和挂糊处理。

（3）煎制时锅底要光滑，否则易粘锅，影响菜肴色泽及外形。

（4）煎制时应勤转锅，一般将一面煎好后再煎另外一面。

（5）煎制时油量不宜过大。

（6）火力一般采用中小火，煎制时间的长短应根据原料的性质灵活掌握。

（7）大部分煎制菜肴无汤汁，出锅装盘后即可直接食用。

菜肴实例 1 煎虾饼

煎是豫菜擅长的传统烹饪技法，中国最原始的煎制炊具“王子婴次炉”就出土于郑州新郑，北宋《东京梦华录》中就有“煎鱼饭”“煎肉”“煎鸽子”等菜。“煎虾饼”是豫菜煎制菜肴之佳品，以鲜虾仁为主料，煎制而成，成菜形如金钱，鲜嫩利口，风味独特。

菜品名称	煎虾饼	
原料	主料	鲜虾仁 200 克
	调辅料	鸡蛋 1 个，干淀粉 40 克，葱、姜末共 10 克，料酒 10 克，味精 3 克，精盐 1 克，花椒盐 3 克，植物油 200 克，荸荠 20 克，熟火腿 25 克，熟猪肥膘肉 25 克，熟鲜青豆 50 克，芝麻香油适量
工艺流程	1. 原料初加工：先将鲜虾仁、荸荠、鲜青豆分别切成米粒大小的粒，再将熟火腿、熟猪肥膘肉分别切成芝麻大小的末 **关键点：**刀口形态大小一致 2. 调制馅料：将切好的原料盛放在碗中，加入精盐、鸡蛋清、干淀粉、味精、料酒、葱姜末搅拌成虾肉馅 **关键点：**掌握好味型和馅的稀稠 3. 煎制成菜：锅放火上烧热后，用油滑锅，下熟植物油，烧至三成热时，逐一将虾肉馅挤成核桃大小的丸状，在锅内里七外十一摆放好，用勺子将虾肉丸压成直径为 4 厘米、1 厘米厚的虾饼，煎至两面金黄酥脆，淋入芝麻香油，盛入盘中，撒上花椒盐成菜 **关键点：**掌握好煎制的火候	
成品特点	外酥脆、里鲜嫩，干香醇厚	
举一反三	用此方法将主料变化后还可以煎制“煎鸡饼”“生煎肉饼”“煎茄夹”等菜肴	

菜肴实例 2 盐煎丸子

“盐煎丸子”是河南开封的一道传统风味菜肴。成菜外焦里嫩，色泽金黄，椒盐味长。说到丸子还有一个典故，北宋名相王旦之孙王巩因“乌台诗案”被贬宾州，唯有歌舞伎宇文柔奴一人愿同随往。五年后，王巩奉旨北归汴京开封，宴请苏轼。苏轼发现王巩虽遭此一贬，不但没有仓皇落魄，相反，性情更为豁达，神采焕发更胜当年，不由疑惑。王巩笑了笑叫出宇文柔奴，并告诉苏轼，这几年多亏柔奴相伴照应，苏轼问柔奴："岭南应是不好？"柔奴则顺口回答："此心安处，便是我乡。"苏轼一听大为震撼，立刻填《定风波》。此曲传开，王巩与柔奴宾州之恋便流传开来，成了坚贞爱情的诠释。柔奴还时常制作荤素丸子等中原肴馔，为王巩体察当地民情、抚慰乡邻，所做的丸子菜肴被时人誉为"金银丸子"。

菜品名称	盐煎丸子	
原料	主料	猪肉 350 克
	调辅料	鸡蛋 1 个，粉芡 75 克，山药 150 克，料酒 5 克，花椒盐 10 克，精盐适量，植物油 500 克（约耗 100 克）
工艺流程	1. 原料加工切配：把猪肉剁成碎粒，山药洗净削皮后用刀拍打成泥，与猪肉粒一起放入碗中，加入鸡蛋、粉芡、料酒、精盐搅拌上劲成糊 **关键点：**宜选用肥瘦相间的前夹心肉。糊要搅上劲，以防丸子散烂。掌握好糊的稀稠 2. 炸制成菜：锅放旺火上烧热，加入植物油，烧至五六成热时，把制好的糊挤成核桃大小的丸子放入锅内，炸至六成熟时，捞出拍压成饼状，再放入七成热的油锅内煎炸装盘，走菜时外带花椒盐即成 **关键点：**挤成的丸子应大小均匀一致，盐煎丸子说煎实炸，炸好后是肉饼状。炸制时控制好油温，注意原料的色泽	
成品特点	形似圆饼，色柿黄，外焦里嫩	
举一反三	用此方法将主料变化后还可以煎制"盐煎牛肉丸子"等菜肴	

菜肴实例 3　真煎丸子

制作"真煎丸子"的关键在火功，要领在"大翻锅"。豫菜老厨师有"里七外十一，墩墩鼓、柿黄色、外酥里嫩"的操作要求，成菜必须不离不散，保持原来形状，具有酥、嫩、香之风味特色。

菜品名称	真煎丸子	
原料	主料	肥瘦肉 300 克
	调辅料	鸡蛋 1 个，淀粉 50 克，熟糯米泥 30 克，葱、姜丝各 5 克，精盐 5 克，味精 2 克，料酒 10 克，花椒盐 5 克，植物油 300 克
工艺流程	1. 原料加工切配：将肥瘦肉剁碎与熟糯米泥一起放在碗里，加入精盐、味精、料酒、淀粉、鸡蛋搅打至上劲成肉泥 **关键点：**要选用质地鲜嫩、肥瘦兼有的猪肉，比例是肥六、瘦四 2. 煎炸制成菜：锅洗净烧热，下少许油烧至四成热时，把肉泥挤成核桃大小的丸子，以里七外十一的排列下入锅内，用文火煎制。边煎边晃锅，待一面煎呈柿黄色后，大翻锅煎另一面，至微黄时把葱、姜丝和花椒盐拌在一起，撒在丸子上，出香味时出锅，盛入盘中即成 **关键点：**丸子的大小应一致，整齐下锅。煎制时注意色泽一致。成菜丸子似连非连	
成品特点	色泽柿黄色，状如盘鼓，外焦里嫩，鲜香可口	
举一反三	用此方法将主料变化后还可以煎制“煎鸡饼”“煎虾饼”“煎藕饼”等菜肴	

菜肴实例 4　酒煎鱼

“酒煎鱼”由宋代的“酒炙鱼”演变而来，因以绍兴黄酒为主要调料，故名“酒煎”。黄酒具有去腥解腻、杀菌除膻、增鲜提味的作用。酒煎鱼酒香、鱼香交相融汇，芳香浓郁，诱人食欲。

菜品名称	酒煎鱼	
原料	主料	鲜鲤鱼 1 条
	调辅料	葱 100 克，姜 25 克，精盐 2 克，绍兴黄酒 150 克，味精 1 克，奶汤 500 克，熟猪油 150 克，湿淀粉 15 克
工艺流程	1. 原料加工切配：将鲜鲤鱼刮去鱼鳞、挖去鱼鳃、去尽内脏，用清水冲洗干净，在鱼身两面解月牙形花刀。将葱切成花、姜切成米 **关键点：**按操作要求对鱼进行加工 2. 煎制成菜：炒锅置旺火上，放入熟猪油，烧至四五成热时将鱼下入锅内煎制，待鱼身两面煎呈微黄色时，放入葱花、姜米炸出香味，下黄酒 75 克，加入奶汤、味精、精盐，汤沸时端锅离火，稍停一会儿再将锅放回火上，用湿淀粉勾水粉芡，再注入绍兴黄酒 75 克，汁沸后起锅装盘即成	

续表

菜品名称	酒煎鱼
工艺流程	**关键点：**煎鱼时，要控制好火候，选用绍兴黄酒，不能选用勾兑料酒
成品特点	酒香、鱼香交相融汇，芳香浓郁，诱人食欲
举一反三	用此方法将主料变化后还可以煎制“酒煎鱼段”“酒煎肚档”等菜肴

菜肴实例 5　香煎玉米

玉米原产于中南美洲，是全世界总产量最高的三大农作物之一，其种植面积和产量仅次于水稻和小麦。玉米一直被誉为长寿食品，含有丰富的蛋白质、脂肪、维生素、纤维素和微量元素等。河南盛产玉米，洛阳栾川所产的最有名。

菜品名称	香煎玉米	
原料	主料	玉米粒 400 克
	调辅料	瓜子仁 20 克，胡萝卜 10 克，青豆 10 克，吉士粉 20 克，生粉 50 克，植物油少许
工艺流程	1. 原料加工切配：将胡萝卜洗净，切成豌豆丁，与玉米粒、吉士粉、生粉一起拌匀 **关键点：**要选用质嫩味鲜的玉米粒，洗净煮 10 分钟。此外，也可选用罐头玉米 2. 煎制成菜：热锅加少许油，把拌好的玉米粒撒入锅内摊成圆饼状，再撒上瓜子仁、青豆，煎成脆焦的圆饼，出锅裁切成三角块，装盘即成 **关键点：**煎制时注意色泽和形态	
成品特点	色泽金黄，外焦里嫩，鲜香可口	
举一反三	用此方法将主料变化后还可以煎制“香煎牛排”“银鱼煎蛋饼”“香煎皮渣”等菜肴	

菜肴实例 6　生煎皮渣

皮渣也称焖子，属豫菜传统肴馔。河南北部的安阳、新乡、焦作一带，逢年过节、红白喜事，皮渣是不可或缺的菜品原料。皮渣可煎、可烩，可炒、可蒸，口感筋道，后味绵长，味美醇口。

相传很早以前，安阳林州市下辖任村古镇有一王姓普通人家，家里来了几位亲朋，便收拾家里的粉皮等准备熬大锅菜，可粉皮已吃完，只剩下一堆粉皮、粉条的渣子。主人便将这些渣子扔进沸水锅中煮，煮了一会觉得太稀，干脆再勾上些粉芡，倒入盆中晾凉后粉皮渣子糗在一起，比平常的凉粉硬多了，主人便将粉皮渣切成块，同豆腐、蔬菜一起放入锅中做成大碗烩菜给客人食用。客人一吃连连称赞："好吃，好吃！"就问："你这是啥东西做的这么好吃？"主人想了想，这东西是粉皮、粉条的渣糗成块做成的，就脱口说道："这是自家酿做的皮渣。"皮渣这道美食由此诞生。

<table>
<tr><th>菜品名称</th><th colspan="2">生煎皮渣</th></tr>
<tr><td rowspan="2">原料</td><td>主料</td><td>红薯芡粉条 200 克</td></tr>
<tr><td>调辅料</td><td>纯红薯淀粉 50 克，大蒜 3 克，虾皮 5 克，姜 2 克，花椒粉 1 克，植物油 20 克，精盐适量</td></tr>
<tr><td>工艺流程</td><td colspan="2">1. 原料加工切配：
（1）将虾皮、粉条清洗干净。大蒜剁碎，姜去皮切末
（2）将粉条入开水锅煮，煮至口感比较筋道，有点皮筋的感觉即可。煮好后捞入凉水盆内清洗，控水后切成寸段
（3）在红薯淀粉内稍加一点精盐，分次加入清水搅拌成粉芡糊，搅到像摊煎饼面糊一样的稠度备用
（4）将粉条段放入容器内，加入虾皮、蒜碎、姜末、花椒粉，稍放一点油，倒入粉芡糊，搅拌均匀，让粉条充分入味
关键点：粉条与粉芡糊的比例为 1 ： 0.8 左右。粉条不用切得太碎
2. 煎制成菜：锅内下少许植物油烧至五成热，将拌好的粉条糊倒入锅中，用炒勺底不停地摊压成薄圆饼状，并往锅边四周淋少许油，来回晃锅以防粘锅煳底，及时翻身煎另一面，待两面都煎呈金黄色后出锅，将饼放在砧板上切成菱形块装盘，上桌时外带调好的蒜汁蘸食即成
关键点：
（1）煎皮渣时要控制好火候。如果粉条糊下锅后粉条松散煎不成饼，可淋少许粉芡糊将其粘连在一起形成饼状
（2）或将托盘先刷上一层油，将拌好的粉条糊盛入托盘内，厚度为 3 厘米左右，磕几下，使其"吐"出气泡。上笼蒸制 40 分钟，用筷子扎一下，直到没有生面糊、完全蒸熟有弹性才行。蒸好后取出放凉切片，或煎或炸成菜</td></tr>
<tr><td>成品特点</td><td colspan="2">口感筋道，后味绵长，味美醇口</td></tr>
<tr><td>举一反三</td><td colspan="2">皮渣可煎、可炸、可炒，可定碗上笼蒸，也可烧、烩、熬、焖等</td></tr>
</table>

第二节　烹

烹是指将切配后的成型主料用调味料腌渍入味，经挂糊或拍干淀粉，投入旺火热油中，反复炸至金黄色，外酥脆、内鲜嫩后倒出滗油，再炝锅投入主料，随即烹入兑好的调味汁，颠翻成菜的烹调方法。烹法一般都要经过油炸，再烹入事先兑好的调味汁，故有“逢烹必炸”的说法，所以也叫炸烹。适合烹的原料主要有新鲜易熟、质地细嫩的大虾、鱼肉等。还有一种烹法是煎烹，即先煎后烹，如“煎烹大虾”使主料直接与炒锅接触受热，保持了大虾的原汁、原色、原味，色泽更为艳红，味道更加鲜醇。烹制菜肴的特点：外酥脆、里鲜嫩，爽口不腻。

工艺流程

选择原料→刀工处理→挂糊调汁→油锅炸制→烹制装盘→成菜

工艺指导

（1）根据菜肴要求，原料一般加工成片、条、块、段及自然形态。为了使菜肴有细嫩的质感、成熟迅速，对质地较韧的动物性原料可解一些刀口，以使其不变形。

（2）对于形状较大的原料码味时间可稍长些，以利入味。挂糊以拍干淀粉、湿淀粉糊、全蛋淀粉糊为主，在临油炸前挂糊效果更好。

（3）不挂糊的原料用中火旺油锅炸制，挂糊的原料用旺火温油锅炸制，并在刚断生、皮酥肉嫩时捞出。

菜肴实例　油烹大虾

烹是豫菜中常用的烹调方法，仅以虾为主要原料的就有“油烹大虾”“干烹大虾”“烹对虾段”等菜肴。烹制前，虾的初加工有带皮和去皮两种方法，形态也有整虾或切段的不同。

<table>
<tr><th>菜品名称</th><th colspan="2">油烹大虾</th></tr>
<tr><td rowspan="2">原料</td><td>主料</td><td>鲜大河虾 350 克</td></tr>
<tr><td>调辅料</td><td>葱段 2 克，白糖 25 克，料酒 25 克，酱油 20 克，醋 15 克，植物油 500 克</td></tr>
<tr><td>工艺流程</td><td colspan="2">1. 原料初加工：将鲜河虾剪去钳、须、脚，洗净，沥干水分
关键点：要选择体型完整、质好的河虾，虾钳、须和脚剪去 1/3，留 2/3
2. 炸制：炒锅置旺火上，倒入植物油，烧至七成热时将河虾下锅，用手勺不停推动，约 5 秒钟捞出。油升温至八成时再下入河虾复炸 10 秒钟左右捞出滗油
关键点：掌握好炸制的时间和程度
3. 烹制成菜：锅留底油放火上烧热，投入葱段煸香，倒入炸好的河虾，加入白糖、料酒、酱油转动炒锅，烹入醋，用旺火略爆入味，出锅装盘即成
关键点：掌握好火候和调味</td></tr>
<tr><td>成品特点</td><td colspan="2">色泽红亮，味鲜甜带有酸味，虾肉脆嫩，风味独特</td></tr>
<tr><td>举一反三</td><td colspan="2">用此方法将主料变化后还可以烹制“煎烹鱼片”“醋烹辣椒”“炸烹里脊”等菜肴</td></tr>
</table>

第七章 制作烧、扒、焖、烤类菜肴

学习目标

1. 了解烧、扒、焖、烤类菜肴的制作工艺流程及特点
2. 掌握烧、扒、焖、烤类菜肴的制作方法及要领
3. 学会用烧、扒、焖、烤的方法制作各种菜肴

第一节　烧

烧是指将经过切配加工、熟处理（炸、煎、炒、煮或焯水）的原料，加适量的汤汁和调味品，先用旺火烧沸，定味、定色后再用中小火烧透至浓稠入味成菜的烹调方法。烧一般可分为红烧、白烧和干烧三种。烧制菜肴的特点：原料酥烂，营养丰富，口味香醇，色泽鲜艳。

一、红烧

红烧是指将切配后的原料，经焯水或炸、煎、煸、蒸等方法制成半成品，放入锅里，加入鲜汤，用旺火烧沸，撇去浮沫，再加入有色调味品，改用中火或小火，烧至熟软汁稠，勾芡（或不勾芡）收汁起锅成菜的烹调方法。红烧菜肴的特点：鲜嫩、味厚，色泽红润，明油亮芡。

工艺流程

选择原料 → 切配 → 半成品加工 → 调味烧制 → 收汁 → 装盘成菜

工艺指导

（1）原料刀工处理形状应大小一致。

（2）烧制时应用中小火，汤汁不能太稀。

菜肴实例1 葱烧海参

海参是四大海货（海参、广肚、鱼翅、鲍鱼）之一，其品种很多，其中灰刺参、梅花参、黄玉参、方刺参较为有名，尤以灰刺参为最，现有些地方称其为高丽参或辽参。唐人段成式《酉阳杂俎》记载：海参辽东有之，其性温补，足敌人参，故曰海参。海参具有提高记忆力、延缓衰老，防止动脉硬化，抗肿瘤的食疗功效。葱又名“和事草”，乃温辛之物，有解表祛寒、通窍的食疗功效。两者相配，既有健体养身之益，又能呈现出物性香醇鲜美的天赋。烹制此菜，需先把海参用水发透，再用高汤蒸至绵软，然后用小火煨烧方能显其特色。成品红润明亮，海参软糯醇鲜，葱香味浓。

<table>
<tr><th>菜品名称</th><th colspan="2">葱烧海参</th></tr>
<tr><td rowspan="2">原料</td><td>主料</td><td>水发海参1 000克</td></tr>
<tr><td>调辅料</td><td>大葱105克，精盐3克，味精3克，湿淀粉10克，鸡清汤700克，酱油10克，绍酒15克，姜汁20克，葱油50克，白糖10克，熟猪油150克（约耗75克）</td></tr>
<tr><td>工艺流程</td><td colspan="2">1. 原料加工切配：
（1）将水发海参加工清洗干净，整个放入凉水锅中，用旺火烧开，约煮5分钟捞出，沥净水分，再用300克鸡清汤煮软并在其入味后沥净鸡汤
（2）把大葱切成5厘米长的段
关键点：水发海参要抠净海参筋、沙嘴等，清洗干净
2. 烧制成菜：
（1）炒锅置旺火上，倒入熟猪油，烧到七成热时下入葱段，炸成金黄色时捞出，盛入碗中，加入鸡清汤100克、绍酒、姜汁、酱油、白糖、味精，上屉用旺火蒸2分钟取出，滗去汤汁，留下葱段备用
（2）锅内添少许熟猪油，加入海参、蒸好的葱段、鸡清汤、精盐、绍酒、酱油，烧开后移至微火上煨2～3分钟，再大火用湿淀粉勾芡，加味精，中火烧透收汁，淋入葱油，盛入盘中即成
关键点：
（1）控制好火候
（2）葱油制作：将熟猪油500克放入炒锅内，烧至七成热时下入葱段100克、姜片70克、蒜片50克，炸成金黄色，炸焦后将以上原料捞出，余油即为葱油</td></tr>
<tr><td>成品特点</td><td colspan="2">海参软糯醇鲜，汤汁红润明亮，葱香味浓，滋味鲜香</td></tr>
<tr><td>举一反三</td><td colspan="2">用此方法将主料变化后还可以制作“葱烧皮肚”“葱烧豆腐”“葱烧蹄筋”“葱烧广肚”等菜肴</td></tr>
</table>

菜肴实例 2 红烧皮肚

皮肚即干肉皮，由鲜猪肉皮经晾干、风干等加工而成。猪背部及后腿皮干制成的皮肚皮质坚厚，易于涨发，质量最佳，其他部位的皮质较差。皮肚经油发、水泡、碱水洗涤等初加工后，适宜拌、烧、扒、做汤等多种烹调方法成菜。皮肚不但物美价廉，且富含胶原蛋白和弹性蛋白，经常食用可美容养颜，故皮肚类菜肴颇受客人特别是女顾客的青睐。

烧肉皮有三种形式：一是白烧，锅内下底油，下一点白面粉炸个面油，再添鲜汤下肉皮即可烧制，由于汤汁浓白，故称作白烧；二是红烧，锅内下底油，用葱、姜、蒜、干辣椒等炝锅后下入肉皮及笋片、木耳等辅料烧至入味，因烧制时投放酱油、郫县豆瓣之类有色调味品，故称为红烧；三是大葱烧，锅内下底油，下葱段炝锅，至葱段微黄时下入净肉皮，投放酱油等烧制即成，大葱烧可以说是红烧的一种特殊形式。

菜品名称	红烧皮肚	
原料	主料	油炸干肉皮 150 克
	调辅料	水发玉兰片 10 克，水发木耳 10 克，葱 10 克，姜 5 克，青椒、红椒各 10 克，湿淀粉 25 克，料酒 10 克，精盐 3 克，酱油 5 克，味精 1.5 克，鲜汤 200 克，植物油 50 克
工艺流程	1. 原料初加工：把炸好的干肉皮用清水浸泡半天，完全回软后，打成 7 ~ 8 厘米宽的条形刀口，再坡刀片成 2.5 ~ 3 厘米宽的长方片，用温水和食用碱洗去油渍，再用清水冲洗干净。葱切马蹄状，玉兰片、青椒、红椒切菱形片，姜切花姜片 **关键点：**发好的肉皮一定要片洗干净残留的油垢，否则烧出的肉皮吃起来有一股哈喇味。清洗肉皮油渍用碱水效果明显，但口感不如用面、醋搓洗法加工的好 2. 调味烧制：净锅放火上，下入底油。将葱、姜下入锅煸出香味，添入鲜汤，依次加入皮肚、玉兰片、木耳、青椒片、红椒片、精盐、味精、料酒、酱油烧制。烧透后勾入流水芡，淋明油翻匀，出锅装盘即成 **关键点：**调味要准确。一般来说，蛋白质含量高的原料，由于胶质重，质感软熟，烧制时间可稍长，以自然收汁方式为好	
成品特点	色泽光润，筋爽软香	
举一反三	用此方法将主料变化后还可以制作“红烧茄子”“红烧蹄筋”“酸辣广肚”等菜肴	

菜肴实例 3 烧瓦块鱼

“烧瓦块鱼”是一道传统豫菜，与“红烧个鱼”有颇多相同之处，二者都是固定配头，即葱、姜、笋片、木耳，只是“烧瓦块鱼”用的是葱、姜丝、笋片、木耳，“红烧个鱼”用的是大葱、大姜、笋片、木耳。调味方法则是一模一样，调味料有精盐、料酒、白糖、醋、味精、鲜汤等。烧好的鱼咸中微透甜味、甜中挂有酸头，咸味领头，鲜味打底，咸、甜、酸、香、鲜五味并举，很好地体现了豫菜“五味调和，滋味适中”的特点。

<table>
<tr><th>菜品名称</th><th colspan="2">烧瓦块鱼</th></tr>
<tr><td rowspan="2">原料</td><td>主料</td><td>净鱼肉 400 克</td></tr>
<tr><td>调辅料</td><td>水发木耳 5 克，水发玉兰片 5 克，鸡蛋半个，水粉芡 40 克，葱、姜各 10 克。味精 3 克，料酒 10 克，酱油 15 克，精盐 3 克，白糖 5 克，大油 50 克，植物油 750 克（约耗 75 克），头汤 300 克</td></tr>
<tr><td>工艺流程</td><td colspan="2">1. 原料加工切配：把鱼肉洗净，揾干水分，坡刀挖成瓦块形，放在用鸡蛋、水粉芡、少许酱油打成的糊内抄匀。木耳洗净，掐成块。水发玉兰片切成片，葱、姜切成丝
关键点：鱼块大小、厚薄要一致。将鱼揾干水分平放砧板上，头向右，尾向左，腹向外，左手持揾布拿住鱼身，右手持刀将鱼头切下，刀贴鱼脊骨平刀顺势将鱼批成两片，片去鱼刺骨，顺长将鱼肉裁成 8 厘米长的段，坡刀片成 8 厘米长、3.5 厘米宽、0.5 厘米厚的长方形坡刀片（因炸制后收缩弯曲变形似瓦状，故称瓦块鱼），这个过程称挖瓦块鱼
2. 烧制成菜：锅置火上，放入植物油，烧至五六成热时将挂了糊的鱼块下入，炸成柿红色，出锅沥油。锅再放火上，另添底油，放入葱、姜丝稍炸一下，添入头汤和主料以及料酒、味精、盐、白糖等调辅料，用武火烧开汤汁，再用文火烧至鱼透汁浓，起锅盛入盘内即成
关键点：烧制鱼块时要抖散下锅，刚下入锅时不要马上搅动，以防粘勺、脱糊。烧制时控制好火候和菜肴汤汁的稀稠</td></tr>
<tr><td>成品特点</td><td colspan="2">鱼块软嫩鲜香，色泽柿黄</td></tr>
<tr><td>举一反三</td><td colspan="2">用此方法还可以将味汁变化后制作“干烧瓦块鱼”“酱炙瓦块鱼”等菜肴</td></tr>
</table>

菜肴实例 4　烧鳝段

烹制鳝鱼的方法很多，生炒柔而挺，熟焖软而嫩，油炸脆而酥，红烧润而腴，更有以鳝鱼为主要原料制作的“长鳝席”。“烧鳝段”质地细嫩，色泽红亮，醇香宜人。

菜品名称	烧鳝段	
原料	主料	鳝鱼 750 克
	调辅料	猪五花肉 25 克，葱段 5 克，姜块 5 克，蒜片 5 克，精盐 4 克，味精 2 克，料酒 10 克，酱油 10 克，胡椒粉 1 克，头汤 250 克，植物油 500 克（约耗 100 克）
工艺流程	1. 原料加工切配：将加工好的鳝鱼连骨剁成约 5 厘米长的短段，每段脊骨上顺解一刀，再横解三四刀。猪五花肉切成片 **关键点：**刀口要均匀、形状一致 2. 烧制成菜：炒锅内添入植物油，置旺火上，烧至七成热时，将鳝鱼段下入炸黄，出锅沥油。炒锅内留底油少许，下入五花肉片、葱段、姜块、蒜片炸出香味，放入鳝鱼段，添入头汤，小火烧至七八成熟时下入精盐和酱油，待汁收浓、鳝鱼肉离骨后，放入味精、料酒、胡椒粉，翻一两次身出锅装盘即成 **关键点：**注意控制火候	
成品特点	肉质细嫩，色泽红亮，醇香宜人	
举一反三	用此方法将主料变化后还可以制作“大烧马鞍桥”“烧鳝片”等菜肴	

菜肴实例 5　红烧茄子

“红烧茄子”是家常菜肴。茄子含有丰富的维生素 P，能增强人体细胞间的黏着力，增强毛细血管的弹性，降低毛细血管的脆性及渗透性，所以常吃茄子有助于保持血管正常的功能。

菜品名称	红烧茄子	
原料	主料	茄子 400 克
	调辅料	酱油 25 克，料酒 25 克，味精 2 克，淀粉 25 克，青椒、红椒各 10 克，水发木耳 10 克，鸡蛋 1 个，葱 5 克，姜 5 克，大蒜 5 克，高汤 150 克，植物油 1 000 克（实耗 75 克），湿淀粉适量
工艺流程	1. 原料初加工：将茄子去皮，切成滚料块，青椒、红椒切成片，葱、姜切成丝，蒜切成片，木耳撕成小块。用鸡蛋、淀粉、酱油调制成全蛋糊，放入茄子块拌匀 **关键点：**茄子去皮后更容易挂糊 2. 烧制成菜：锅烧热，倒入植物油，油热后下入茄子块，炸至柿黄色捞出。锅里放底油，下入葱、姜、蒜煸出香味，加入酱油、高汤、料酒和炸好的茄子块，小火烧至入味，再加入味精，用水淀粉勾芡，淋入明油翻匀，出锅装盘即成 **关键点：**调味要准确。装盘要求成型完整、形态丰满，器皿选用要恰当	
成品特点	色泽光润，质细软香	
举一反三	用此方法将主料变化后还可以烧制“红烧块鱼”“红烧豆腐”等菜肴	

二、白烧

白烧是指烧制时不加糖色、酱油等有色调味品，保持原料自身颜色，如“白烧皮肚”“菜心干贝”“白汁鱼肚”等菜肴。白烧菜肴的特点：成菜素雅清爽，鲜嫩软香。

工艺流程

选择原料 → 切配 → 半成品加工 → 调味烧制 → 收汁 → 装盘成菜

菜肴实例　烧腐竹

腐竹又称腐皮，也叫豆笋、豆腐棍等，是将豆浆加热煮沸后，经过一段时间保温，表面形成一层薄膜，挑出后下垂成枝条状，再经干燥而成。因其形似竹枝故称腐竹。河南省许昌市是我国腐竹生产基地。许昌的河街腐竹享誉一方。此外，河南的长葛腐竹、陈留豆腐棍等也很著名。腐竹是重要的烹饪原料，常见的菜品有“油焖腐竹”“拌腐竹”“腐竹烧肉”等。

菜品名称	烧腐竹	
原料	主料	水发腐竹 300 克
	调辅料	木耳 50 克，冬笋 50 克，姜 2 克，葱 2 克，精盐 3 克，味精 2 克，料酒 3 克，粉芡 2 克，高汤 150 克，植物油 50 克
工艺流程	1. 原料初加工：将冬笋切成片，木耳发好后洗净撕片，葱、姜切成丝。将水发腐竹切成段，焯水去除豆腥味，捞出滗水 **关键点：**腐竹刀工处理应长短一致。腐竹焯水时间不可过长 2. 烧制成菜：锅内加入植物油上火烧热，下入葱、姜、冬笋片、木耳煸炒，加入高汤，汁沸后下腐竹，放入精盐、料酒、味精烧至入味，勾芡、淋明油翻匀，出锅装盘即成 **关键点：**掌握好汤汁的量	
成品特点	色泽光润，质细软香	
举一反三	用此方法将主料及调味料变化后还可以制作“烧双冬”“白汁烧鱼肚”“雪花海参”“烧素什锦”等菜肴	

三、干烧

干烧是指在烧制过程中，用中小火将汤汁基本收干成自然芡，其滋味渗入原料内部或附在原料表面上的烹调方法。干烧菜肴的特点：色泽金黄，质地细嫩，亮油紧汁，香鲜醇厚。

工艺流程

选料初加工→刀工处理→熟处理成半成品→调味烧制→收汁→装盘成菜

菜肴实例 干烧个鱼

在中原一带，宴席上是不能没有鱼的，尤其是婚宴、寿宴等各类喜庆宴席必须要有条“个鱼”上桌。人们通常喜欢讨个口彩，鱼与余同音，寓意“喜庆有余”“年年有余”。

<table>
<tr><th>菜品名称</th><th colspan="2">干烧个鱼</th></tr>
<tr><td rowspan="2">原料</td><td>主料</td><td>鲤鱼 750 克</td></tr>
<tr><td>调辅料</td><td>冬菇丁 15 克，冬笋丁 15 克，辣椒末 10 克，葱花 15 克，蒜米、姜米各 15 克，料酒 25 克，酱油 50 克，糖 15 克，熟猪油 100 克，精盐适量，味精少许，高汤适量</td></tr>
<tr><td>工艺流程</td><td colspan="2">1. 原料初加工及切配：将鲤鱼刮鳞、剖腹、去五脏、洗净、用刀解成瓦楞刀纹，用料酒、精盐、葱姜腌渍入味待用。冬菇、冬笋切成丁，辣椒去籽剁成末、葱切花，蒜切米，姜切成末
关键点：选用鲜活的金色黄河鲤鱼，鱼要洗干净，刀工成形要均匀一致。干烧鱼的配料属固定配料，传统豫菜有“葱姜蒜、辣椒末，笋片切成蝇头丁”的说法
2. 熟处理：热锅下熟猪油，将加工好的鲤鱼下入煎制，煎制两面见黄
关键点：煎制时控制好火候、油温，以防将鱼煎老（现在饭店多用挂薄糊，六成热油温炸制）
3. 烧制成菜：待鱼煎制两面见黄时投入配料、料酒、酱油、糖、味精等调料和适量的高汤，文火烧制，待汁将尽鱼透时起锅，盛鱼盘即成
关键点：调味要合理，口味要有特点，汁要均匀浇在鱼身上</td></tr>
<tr><td>成品特点</td><td colspan="2">色泽柿黄，鱼肉细嫩，肉粒酥香，鲜味醇浓，鲜嫩适口，透香辣味</td></tr>
<tr><td>举一反三</td><td colspan="2">用此方法将主料变化后还可以制作“干烧鲫鱼”“干烧冬笋”“干烧牛腩”等菜肴</td></tr>
</table>

第二节　扒

扒是指将初步熟处理的原料，经切配，整齐地叠码成型，放入锅内，加汤汁和调味品，烧透入味，勾芡，保持原料原形成菜装盘的烹调方法。扒法多用于一些整形、整只、高档的原料。根据色泽，扒可分为红扒和白扒两种。扒是豫菜中重要的烹调方法，有著名的八大扒，即“扒鱼翅”“扒广肚”“扒海参”“扒肘子”“葱扒鸡”“扒素什锦”“扒素鸽蛋”“扒铃铛面筋”。扒制菜肴的特点：选料精细，讲究切配，原形原样，不散不乱，略带汤汁。

工艺流程

选择原料→初步加工→初步熟处理→切配→扒制→成菜

工艺指导

（1）扒菜的主料与辅料要求品级相宜。

（2）不同成熟度的主料与辅料，要利用初步熟处理来调制，使主料和辅料成熟度一致。

（3）扒制菜肴要掌握好添汤量和时间。

（4）扒菜汤汁的稠度，以米汤芡状为宜。

菜肴实例1 葱扒羊肉

羊分为绵羊和山羊两种，山羊以内蒙古、四川所产为佳，绵羊主产于内蒙古、新疆、西藏等地。羊肉多用于清真菜品，适用于多种烹调方法，豫菜中常用扒法。2007年，“葱扒羊肉”入选豫菜“传统菜品十大名菜”。

菜品名称	葱扒羊肉	
原料	主料	羊肋条肉750克
	调辅料	葱15克，冬笋100克，精盐2克，酱油5克，味精1克，料酒10克，淀粉15克，鲜汤300克，植物油50克，花椒油3克
工艺流程	1. 原料初加工：将羊肋条肉煮熟后，揭去肉上的云皮，切成9厘米长、0.3厘米厚的大片。葱切成6厘米长的段，下油锅炸成柿黄色。淀粉兑水调成流水芡汁。冬笋切片 **关键点：**要选择羊肋条肉，加工方法正确，加工符合要求 2. 扒制成菜：锅箅刷净，将炸制好的葱段和冬笋片铺在锅箅上，羊肉铺在葱上，并用盘子扣住，以防原料变形。锅内添入鲜汤，放入锅箅，加入味精、料酒、酱油、精盐，用中火扒五六分钟。然后去掉盘子，用漏勺托住锅箅，将羊肉扣在另一个盘子里。锅里的汤汁勾水粉芡，加入花椒油将汁烘起，浇在羊肉上即成 **关键点：**掌握好扒制的火候	
成品特点	色泽柿黄，质地软香	
举一反三	用此方法将主料及味汁变化后还可以扒制“白扒猴头”“蚝油扒白菜”“葱扒海参”等菜肴	

菜肴实例2 扒素什锦

什锦也称什景，是以多种原料制成或多种花样拼成的食品，有荤什锦、素什锦，也有荤素混合什锦。“扒素什锦”原料多而不乱，醇而不腻，形态美观，营养丰富，乃素菜之上品。

菜品名称	扒素什锦	
原料	主料	水发黄花菜75克，冬笋75克，水发腐竹75克，水发口蘑75克，水发香菇1个，水发鹿茸75克，素鸡75克，油炸豆腐75克，水发羊素肚50克，瓢菜心100克
	调辅料	精盐5克，料酒10克，味精5克，酱油25克，姜汁15克，湿淀粉15克，干淀粉5克，花生油150克，黄豆芽汤400克
工艺流程	1. 原料初加工：将黄花菜洗净，搌干水分并伸开，均匀地抖上干淀粉，放入五六成热的油中炸一下，再用开水杀一下。其余主料均改成大刀口，分别用开水杀好备用 **关键点：**加工方法正确，加工符合要求 2. 扒制成菜： （1）锅箅放盘上，将各种不同颜色的主料配好，依次头向外呈放射状铺在锅箅上，摆成圆形。空隙中间放上用开水杀好的黄花菜，余下的碎料垫底，用盘压住 （2）锅放火上，将花生油烧至五六成热，添入黄豆芽汤和料酒、盐、酱油、味精、姜汁等调辅料，将铺好的锅箅放入锅内扒制，待原料扒透入味揭去盘，用漏勺托住锅箅将菜反扣入扒盘内，余汁用湿淀粉勾水粉芡，汁收浓，均匀地浇在菜上即成 **关键点：**掌握好拼摆的形状，掌握好火候	
成品特点	原料多而不乱，形态美观，醇而不腻	
举一反三	用此方法将主料变化后还可以扒制“扒荤素什锦”“扒三样”等菜肴	

菜肴实例3 煎扒鲭鱼头尾

1923年，65岁的康有为游学开封，于又一村饭庄（现又一新饭店）品尝了骨酥肉嫩、鲜香味醇的“煎扒鲭鱼头尾”，于是以西汉“奇味”——“五侯鲭”为典故，写下“味烹侯鲭”四个大字，以示赞赏。因余兴未尽，又在一把折扇上题写：“海内存知己，小弟康有为”，赠给制作此菜的“灶头”黄润生，成为一段文人、名厨结交之佳话。2007年，“煎扒鲭鱼头尾”入选豫菜“传统菜品十大名菜”。

<table>
<tr><th>菜品名称</th><th colspan="2">煎扒鲭鱼头尾</th></tr>
<tr><td rowspan="2">原料</td><td>主料</td><td>鲭鱼1条（约2 500克）</td></tr>
<tr><td>调辅料</td><td>水发冬笋100克，葱段30克，姜块30克，水发香菇1个，白糖30克，料酒25克，精盐5克，酱油50克，味精2克，熟猪油100克，头汤适量</td></tr>
<tr><td>工艺流程</td><td colspan="2">1. 原料加工切配：将经初步加工的鲭鱼从胸鳍后部截断，尾从臀鳍前截断。鱼头从骨面顺长剁四刀，骨裂皮不断。鱼尾从刀口处顺长剁两刀而尾鳍不断。将鱼肉剁成块。头、尾皮朝下各放在扒盘的两端，鱼肉块放两侧，摆成圆形。冬笋切成滚刀块，香菇、葱段、姜块一起摆在锅箅上
关键点：按照要求规范操作。“煎扒鲭鱼头尾”这道菜并不是仅选用鱼头和鱼尾，而是要带一定分量的鱼肉，要使用2 000 ~ 2 500克的鲭鱼。食用时将鱼头放在嘴里一吸，不但能吸出鱼脑，而且鱼肉与骨头能够自动分离
2. 扒制成菜：
（1）锅放火上，下入熟猪油50克，把摆好的鱼头、鱼尾顺入锅内，两面煎至柿黄色，皮向下再顺入锅箅上
（2）锅放火上，添入熟猪油50克和头汤，放入料酒、精盐、酱油、白糖、味精等调辅料，将辅好的锅箅放入，用旺火扒制，中小火收汁。待汁浓鱼熟、色泽红亮时起锅，扣入扒盘内，去掉葱、姜，将锅内余汁浇在鱼上即成
关键点：控制好火候，控制好汤汁的稀稠</td></tr>
<tr><td>成品特点</td><td colspan="2">肉骨分离，色泽枣红，浓香鲜嫩</td></tr>
<tr><td>举一反三</td><td colspan="2">用此方法将主料变化后还可以扒制“煎扒狮子头”等菜肴</td></tr>
</table>

菜肴实例4 扒广肚

广肚最佳的烹制方法是“扒”，以箅扒独树一帜。数百年来，“扒菜不勾芡，功到自然黏”，成为厨人与食客的共同追求与标准。“扒广肚”作为传统高档筵席的头菜，是这一标准的具体体现。此菜将质地绵软白亮的广肚片成片，汆杀后铺在竹扒箅上，用上好的奶汤小武火扒制而成。成品柔、嫩、醇、美，汤汁白亮光润，故又名“白扒广肚”。2007年，“扒广肚”入选豫菜“传统菜品十大名菜”。

<table>
<tr><th>菜品名称</th><th colspan="2">扒广肚</th></tr>
<tr><td rowspan="2">原料</td><td>主料</td><td>水发广肚 1 000 克</td></tr>
<tr><td>调辅料</td><td>冬笋片 2 片，冬菇 1 个，火腿片 2 片，菜心 125 克，熟鸡腿 2 只，白肉 4 片，精盐 5 克，味精 5 克，料酒 15 克，姜汁 15 克，湿淀粉 10 克，熟猪油 100 克，奶汤 800 克</td></tr>
<tr><td>工艺流程</td><td colspan="2">1. 原料加工切配：
（1）将水发广肚片成 6 厘米长、1.6 厘米宽、0.3 厘米厚的大坡刀片，用开水汆一下
（2）将冬菇、火腿片、冬笋片铺在扒箅上，再按先中间、后两边、再垫底的顺序，把广肚铺成圆形，然后放上鸡腿和白肉片，用盘扣住
关键点：片要刀口一致，铺要形态美观
2. 扒制成菜：锅放火上，放入熟猪油烧热，添入奶汤，下入精盐、料酒、味精、姜汁。将铺好的扒箅放入，汤沸后改为文火，扒制十几分钟，至汁乳白变浓时，去掉盘子，用漏勺托出扒箅和鸡腿、白肉一起翻扣在扒盘里。菜心用开水焯一下，围在广肚的外边。锅内余汁勾入湿淀粉烧沸，均匀地浇在广肚和菜心上即成
关键点：注意控制火候，控制好汤汁的稀稠</td></tr>
<tr><td>成品特点</td><td colspan="2">色泽洁白，鲜香爽口，汁浓味醇</td></tr>
<tr><td>举一反三</td><td colspan="2">用此方法将主料变化后还可以扒制“扒海参”“扒鱼翅”等菜肴</td></tr>
</table>

第三节 焖

焖是指将经过炸、煎、炒、焯水等初熟处理的原料，加入酱油、糖、葱、姜等调味品和汤汁，旺火烧沸，撇去浮沫，加盖用中火或小火慢烧，使之成熟并再转用旺火收汁至浓稠成菜的一种烹调方法。

焖菜主要强调火候和调味，加热时间可根据不同原料的质地、大小灵活掌握。与煨相比，焖菜的汤汁比煨菜少，焖制的时间也比煨菜短一些。根据调味、原料性质和加工手法的不同，焖可分为黄焖、红焖、酒焖和油焖四种，但在方法上，它们都是相似的。焖制菜肴的特点：形态完整，汁浓味醇，软嫩鲜香。

工艺流程

选择原料→初步加工→初步熟处理→调味焖制→收汁→成菜

工艺指导

（1）焖制菜肴应选择质地细嫩、鲜香味美、受热易熟的主料和辅料，一般切成条、块、段或保持自然形态。

（2）根据原料的不同质地采用不同的熟处理方法。

（3）焖制菜肴的添汤量以淹没原料为宜。如焖制时间较长，可适当增加汤量；反之，则减少。对于易熟的原料，可用中火焖制；反之应用小火焖制。要正确估计焖制的成熟时间，尽量减少揭盖的次数，以保证焖制的色、香、味。以家禽、家畜为原料的焖制菜肴，在装盘时，可清炒一些绿叶青菜垫底，这样既可以增加菜肴的清香味，又可以减少菜肴的油腻感。

菜肴实例1 红焖羊肉

“红焖羊肉”起源于河南新乡。1988年，李武卿老先生退休后用邻居家一间临街的房子开了家饭庄，想不到生意一下子红火起来，一些老食客几乎是天天来吃。李武卿抗美援朝到过朝鲜，在西藏当过边防军，老先生说当年在四川时就遍尝蜀中火锅美味，后来又北上京城，经常到东来顺吃“涮羊肉”。爱吃也爱琢磨的他就寻思着将这南北两大火锅的美味合到一块儿，于是琢磨出了充分体现中原人气质性格的“红焖羊肉”火锅。

菜品名称	红焖羊肉	
原料	主料	公山羊1只
	调辅料	辣椒酱450克，红酱油200克，料酒500克，胡椒粉5克，八角10克，三奈3克，肉桂15克，丁香2克，草果5枚，白蔻3克，小茴3克，砂仁3克，陈皮4克，香叶5克，胡萝卜300克，大枣50克，枸杞15克，孜然粉20克，姜块100克，大葱250克，精盐、鸡精、味精各适量，植物油750克
工艺流程	1. 原料初加工及切配： （1）将公山羊宰杀后剐去皮，除去内脏、头蹄，再刮洗净羊肉上的残毛及血污，之后把羊肉剁成2.5厘米见方的块，放入清水中浸泡2～3小时捞出，沥尽血水，入沸水锅中“出一下水”，再捞起沥干水分 （2）将姜块、大葱洗净拍破 **关键点：**加工方法正确，加工符合要求 2. 调味：炒锅置火上，放入植物油烧至六七成热，先下姜、葱爆香，随即将羊肉块倒入锅中爆炒，再烹入部分料酒，待羊肉收缩变色后，迅速下入辣椒酱用中火炒香，再下入红酱油将羊肉炒至上色，起锅倒入一口大砂锅内，并掺入约2 000克清水，投入八角、三奈、肉桂等香料 **关键点：**掌握好口味和颜色	

续表

菜品名称	红焖羊肉
工艺流程	3. 焖制成菜：将砂锅移至火上，用中火烧开后撇去浮沫，再下入料酒、精盐、胡椒粉，随后放入胡萝卜、大枣、枸杞，加盖用中小火焖烧 40 ~ 50 分钟，至羊肉酥烂时揭开锅盖，拣出姜、葱、胡萝卜及香料渣不用，调入鸡精、味精和孜然粉即成 **关键点：**掌握好焖制的火候
成品特点	肉嫩、味鲜、汤醇
举一反三	用此方法将主料变化后还可以焖制“黄焖鸡”“黄焖鱼”“油焖春笋”等菜肴

菜肴实例 2 煎焖鸡蛋

制作“煎焖鸡蛋”的关键是煎蛋，其一，先将蛋液用筷子多搅拌一会儿，再加配料搅匀，这样煎好的蛋饼会更暄一些；其二，当蛋液在锅内凝固成饼后，加锅盖小火烘焖蛋饼至其暄起。“煎焖鸡蛋”色泽柿黄，软嫩适口，老幼皆宜。

菜品名称	煎焖鸡蛋	
原料	主料	鲜鸡蛋 5 个
	调辅料	葱、姜丝 5 克，木耳 10 克，笋片 10 克，菜心 50 克，海米、南荠丁、火腿丁各 5 克，精盐 5 克，味精 3 克，料酒 10 克，高汤 150 克，粉芡 10 克，植物油 100 克
工艺流程	1. 原料初加工： （1）将木耳掐成小块。鸡蛋打入碗内，下入海米、南荠丁、火腿丁，加入少许粉芡打匀 （2）锅放火上，用热油净锅，下入鸡蛋液煎至两面呈金黄色的蛋饼（约 0.8 厘米厚），倒在砧板上改刀成菱形块 **关键点：**各种配料的量不宜过多。煎蛋时避免过火 2. 焖制成菜：锅内加油少许烧热，下葱、姜丝炸出香味，下入高汤、鸡蛋块、木耳、笋片及精盐、料酒、味精等调辅料，炖焖至汤白时下入菜心，倒入海碗内即成 **关键点：**焖制时间不宜过长	
成品特点	鲜咸味美，鸡蛋暄嫩	
举一反三	用此方法将主料变化后还可以焖制“煎焖黄花鱼”“煎焖豆腐”等菜肴	

菜肴实例 3　山药黄焖鸡

中原制鸡，手法繁多，名品也多。“山药黄焖鸡”以家养柴鸡为主料，剁块、腌渍、上浆、过油，加葱、姜、八角装碗下作料，添汤蒸之而成，此菜入口，骨肉分离，料味虽浓，恰灭鸡之腥、提其鲜，故香味浓郁，老少皆宜。再加“鸡”与“吉”同音，婚、寿喜庆免不了以此菜讨个口彩。

菜品名称	山药黄焖鸡	
原料	主料	鸡半只（约 500 克）
	调辅料	怀山药 100 克，鸡蛋 1 个，湿淀粉 50 克，糖色 2 克，葱段 10 克，姜片 10 克，花椒 10 粒，八角 2 个，酱油 4 克，精盐 3 克，味精 3 克，料酒 5 克，鲜汤适量，植物油 1 000 克（实耗 75 克）
工艺流程	1. 原料加工切配： （1）怀山药削去外皮，切成滚刀块，在开水锅中飞一下水 （2）将鸡肉剁成核桃块。湿淀粉、鸡蛋放在海碗内，加糖色少许，打成皮糊，将鸡肉块放入抄抓均匀 **关键点：**鸡肉块要剁得大小均匀，挂糊时控制好糊浆的稀稠 2. 蒸焖成菜： （1）锅放火上，添入植物油，烧至六成热，将鸡肉块抖散下锅，炸成柿红色捞出 （2）取一碗，放入葱、姜、八角、花椒，放入炸好的鸡块和飞过水的山药块，加酱油、精盐、味精、料酒、鲜汤，上笼蒸 30 分钟，取出扣在汤盘内，拣去花椒、八角即成 **关键点：**炸制时控制好油温	
成品特点	汤汁色泽柿黄，鸡块筋软酥烂，山药软糯鲜香	
举一反三	用此方法将主料变化后还可以焖制“黄焖带鱼”“黄焖鸡翅”等菜肴	

菜肴实例 4　黄焖鱼

“黄焖鱼”是古城开封一绝，在宋元时期“姜黄鱼”的基础上发展而来。此菜选

小型的鱼（也可用大鱼去头骨，取净肉切成小条），处理干净后腌渍入味，再粘上面粉入油锅炸至金黄酥焦，配以八角、姜、葱等配料，加入香醋、料酒、精盐、酱油等调味品，用宽汤微火焖之，使其骨酥肉烂，料香浓郁，是一道老幼咸宜的特色佳肴。

<table>
<tr><th>菜品名称</th><th colspan="2">黄焖鱼</th></tr>
<tr><td rowspan="2">原料</td><td>主料</td><td>小鲫鱼 350 克</td></tr>
<tr><td>调辅料</td><td>精盐 3 克，料酒 4 克，味精 3 克，酱油 4 克，葱、姜、蒜适量，八角 2 个，桂皮 2 克，香叶 1 克，小茴香 1 克，白芷 1 克，胡椒粉 1 克，鸡蛋 1 个，湿淀粉 20 克，香菜适量，高汤适量，植物油 1 000 克（实耗 75 克）</td></tr>
<tr><td>工艺流程</td><td colspan="2">1. 原料初加工：将小鲫鱼宰杀清洗干净，揠干水分，下入鸡蛋、湿淀粉调成的皮糊抓匀，用六成热油炸至金黄色，捞出滗油
关键点：小鲫鱼宰杀干净后也可采取拍粉油炸的方法进行熟处理
2. 焖制成菜：锅内下底油，将葱、姜、蒜煸出香味后，加入高汤、香料和精盐、料酒、酱油等调辅料以及小鲫鱼，用大火烧沸，改小火焖 40 分钟，放入味精，调好口味，出锅盛入海碗，撒上香菜即成
关键点：焖制时用小火，以免火大将鱼冲烂</td></tr>
<tr><td>成品特点</td><td colspan="2">小鲫鱼酥软，汤鲜味美</td></tr>
<tr><td>举一反三</td><td colspan="2">用此方法将主料变化后还可以制作“黄焖黄花鱼”“黄焖茄子”等菜肴</td></tr>
</table>

第四节　烤

烤是指将原料腌渍入味或加工处理后，利用柴、炭、煤、天然气、煤气等燃烧的热量或电、远红外线的辐射热，使原料成熟的一种烹调方法。根据烤制设备的差异，烤又可分为暗炉烤、明炉烤和泥烤三种。烤制菜肴的特点：色泽美观，形态完整，皮酥肉嫩，香味醇浓。

一、暗炉烤

暗炉烤也称挂炉烤，是指用封闭型的烤炉、烤箱，将原料挂于炉内烤至成熟的烤制方法。暗炉烤的优点是：温度较稳定，原料四面受热均匀、容易成熟，烤制时间较短。暗炉烤需要先将原料挂上烤钩、烤叉或放在盘内，再放进烤炉烤制，一般烤生料的较多，并因烤制的品种不同而有较大的差异。暗炉烤菜肴的特点：色泽金黄，表皮酥脆，内里软嫩。

工艺流程

选择原料→初加工→码味→烤制→刀工处理→装盘成菜

工艺指导

（1）根据原料的大小和质地确定烤制的时间。

（2）烤箱在使用时要有一个预热的过程。当温度升至菜肴所需温度时，再将原料放入烤制。

（3）暗炉烤的原料大多要事先调味，烤制好的菜肴应及时上桌，以保持其脆度、香味和色泽。

菜肴实例 铁锅蛋

“铁锅蛋”源于清末，是由专营河南菜的厚德福饭庄创始人陈连堂在“瓷碗烤蛋”的基础上研制而成的。当时由于厚德福在北京、上海、天津、沈阳、南京等地以及香港、美国均开有分号，故“铁锅蛋”一经问世即受到国内外各界人士的青睐，被称为特殊菜肴。“铁锅蛋”的特殊之处有三：一是烤制工具必须使用特制的铁锅作传热媒介；二是烤制的方法必须上烤下烘；三是风味必须佐以姜米、香醋，方具有蟹黄味道，而至满口鲜香。

菜品名称	铁锅蛋	
原料	主料	鲜鸡蛋 6 个（约 250 克）
	调辅料	熟南荠 20 克，熟火腿 20 克，海米 20 克，虾 10 克，大白菜叶 1 片，姜米 5 克，精盐 4 克，味精 5 克，料酒 5 克，醋 75 克，姜汁 5 克，芝麻香油 25 克，清汤 350 克，熟猪油 25 克
工艺流程	1. 原料初加工： （1）将鸡蛋打入碗内搅匀，熟火腿、熟南荠（去皮）、海米均切成 0.5 厘米的丁，同虾一起放入鸡蛋里，加入精盐、姜汁、料酒、熟猪油、清汤，搅打均匀 （2）将白菜叶铺在大鱼盘上，倒入 50 克醋。另取一小碗放入 25 克醋和姜米调匀待用 **关键点：**按要求进行刀工切配 2. 烤制成菜： （1）将特制的铁锅盖放在火上烧红后，不要取下，留待后用 （2）铁锅放小火上，把搅好的鸡蛋浆倒入，用勺慢慢搅动，以防蛋浆沉淀，待蛋浆即将凝聚成块状时，用火钩将烧红的铁锅盖罩在铁锅上，使蛋浆糨皮发亮、呈红黄色时，移开锅盖。将铁锅倾斜，如无蛋液外流，即将铁锅放置于白菜叶铺底的鱼盘上。食时泼上姜米、香醋调成的汁，淋上芝麻香油即成 **关键点：**现在制作此菜时，大多待蛋浆即将凝聚成块状时，将铁锅移入事先已经预热的电烤箱内（温度调控在 280 ~ 300 ℃），烤 10 分钟左右	
成品特点	蛋浆暄起糨皮，色泽红黄，油润明亮，鲜嫩软香，回味无穷	

二、明炉烤

明炉烤是指将加工好的原料用特制的烤叉固定好，在敞口的火炉、火盆、烤盘上反复烤制原料，使原料表皮酥脆成熟的一种烤制方法。明炉烤的优点是设备简单、方便易行，火候、成熟度、色泽较易掌握；缺点是火力分散，烤制时间较长，难度比较大。明炉烤菜肴的特点：色泽金黄，表皮酥脆，内里软嫩。

工艺流程

选择原料→初加工→码味烫皮→抹饴糖晾干→烤制成菜

工艺指导

（1）烤制时应选用外皮完整的原料。

（2）烤制时原料要经过腌渍、吹气、上叉、烫皮、涂抹饴糖、晾干表皮等步骤。

（3）烤制时及时观察，使原料受热均匀、色泽一致。

菜肴实例　烤方肋

“烤方肋”是豫菜的一道传统菜，取材大众，精于火候，烤出的菜肴色泽红润、皮脆肉嫩、丰腴醇香，肥而不腻，为宴席之珍肴。

菜品名称		烤方肋
原料	主料	仔猪带骨肋条肉 2 500 克
	调辅料	葱段 50 克，姜片 25 克，精盐 50 克，料酒 25 克，味精 5 克，花椒 20 个，甜面酱、花椒盐适量

续表

菜品名称	烤方肋
工艺流程	1. 原料初加工：先将带排骨的肋条肉去掉奶脯，切成长方块，用竹签在方肋里面均匀地扎些小孔（但不能扎透），放在盆里，加入味精、料酒、葱段、姜片和炒熟的精盐、花椒，腌渍码味 8 小时左右 **关键点：**要选择新鲜的仔猪硬肋肉。加工方法要正确，码放整齐美观 2. 明炉烤制：将码好味的方肋搌干水分，用叉子固定住，在木炭火上烤至猪皮起泡时，放到温水中浸泡并刮去表皮，如此反复 4 次。再用佐料浸码一下，然后用烤叉贴排骨下面横着插进肉内，再放到炭火上边烤边刷花椒水，烤至色黄肉熟离火 **关键点：**掌握好烤制的时间 3. 切片成菜：将烤好的方肋从铁叉上取下，先片去排骨，将肉切成 3 厘米长的片，装入盘内。另将排骨剁成约 3 厘米长的段，放入另一小盘。上桌时，外带葱段、甜面酱、花椒盐即成 **关键点：**掌握好肉片的厚薄，防止片得过厚，影响食用效果
成品特点	皮酥肉烂，鲜香利口
举一反三	用此方法将主料变化后还可以烤制“烤羊肉串”“烤鱼”“烤乳猪”等菜肴

三、泥烤

泥烤是指将生料通过调味品腌渍入味，然后用荷叶、玻璃纸包好，再用酒坛泥把包好的原料裹住，放在电烘箱中烧烤至原料酥香成菜的一种烤制方法。泥烤菜肴的特点：香气袭人，风味独特。

工艺流程

选择原料 → 初加工 → 码味 → 包扎原料 → 封泥烤制成菜

工艺指导

（1）泥烤主要以禽类原料为主，畜肉类、鱼类为辅。

（2）泥烤的原料必须先经过腌渍入味，烤制过程中不加任何调味品。

（3）烤制时注意火候的掌握，一般先用小火将泥烤干，防止其开裂，再升温将原料烤烂。泥烤时注意翻身，使原料成熟一致。

菜肴实例　花子鸡

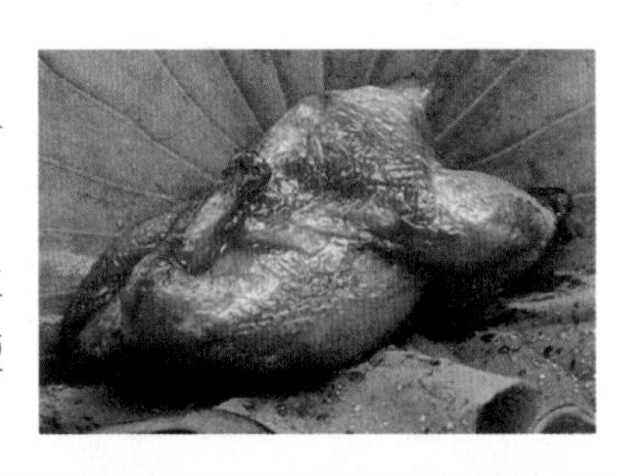

“花子鸡”又名“叫花鸡”“泥烤鸡”“富贵鸡”，流传甚广，南北均有。泥烤不但保持了鸡肉的原汁原味，而且增香添味，烹调方法独特。清朝中叶，开封有一个叫王凤彩的名厨在旧法的基础上，加上包裹猪网油、荷叶，再包上麻纸，麦秸泥烤制，使这道菜更加完美，一时名噪中原。

菜品名称	花子鸡	
原料	主料	仔母鸡1只（约750克）
	调辅料	水发香菇5克，水发冬笋5克，火腿5克，猪腿肉60克，葱段5克，葱丝5克，姜15克，精盐4克，味精5克，酱油40克，花椒5粒，糖2克，料酒30克，熟猪油70克，芝麻香油2克，清汤150克，猪网油250克，荷叶1张，麻纸1张，麦秸泥3 000克
工艺流程	1. 原料初加工： （1）将仔鸡宰杀，采取肋开的方法去其内脏，清洗干净后，将翅骨、大腿骨砸折，元骨剔出，爪和小腿骨剁去不要 （2）将加工好的鸡放入盆内，加入葱段、姜片、酱油30克、味精5克、精盐2克、料酒20克、糖进行腌渍，使其入味 （3）将香菇、火腿、冬笋、猪腿肉均切成丝备用 **关键点：**要选用新鲜的仔鸡。加工方法要正确、整齐美观。鸡最好采取肋开的方法，以便装入馅料后形体美观 2. 镶入馅料：净锅置火上，放入熟猪油烧热，下入花椒炸出香味，然后放入葱丝、肉丝、火腿丝、香菇丝、冬笋丝煸炒，再放入酱油10克、盐2克、料酒10克、清汤适量，炒熟盛出，从鸡肋刀口处装入鸡腹内 **关键点：**调味要准确 3. 包扎原料： （1）将猪网油洗净，放在开水中蘸一下，捞出后搌干水分，将镶好馅的鸡包在其中 （2）荷叶洗净，用开水消毒后包在猪网油的外边，然后用麻纸包严，再用麻绳捆结实 （3）用麦秸泥将包好的鸡糊严，泥的厚度为1～1.5厘米 **关键点：**掌握好口味，加工成型要美观 4. 烤制成菜：将包裹好泥的鸡装入烤盘，下垫油纸。放入已预热的烤箱中下层，温度180 ℃，烘烤1.5～2小时即熟，取出敲掉泥巴，去除荷叶，淋上芝麻香油即成 **关键点：**掌握好裹泥的厚薄，包裹要均匀	

续表

菜品名称	花子鸡
成品特点	香味浓郁，酥烂肥嫩，风味独特
举一反三	用此方法将主料变化后还可以烤制“叫花童子鸡”“泥烤鱼”等菜肴

第八章

制作炖、蒸、烩、煨、汆、煮类菜肴

学习目标

1. 了解炖、蒸、烩、煨、汆、煮类菜肴的制作工艺流程及特点
2. 掌握炖、蒸、烩、煨、汆、煮类菜肴的制作方法及要领
3. 学会用炖、蒸、烩、煨、汆、煮的方法制作各种菜肴

第一节　炖

炖是指将经过加工处理的原料放入炖锅或其他器皿中，添足水，用小火长时间烹制，使原料熟软酥烂成菜的烹调方法。炖菜中，汤清且不加配料炖制的叫清炖，汤浓而有配料的叫混炖，汤里加少许酱油的叫侉炖，它们的炖制手法相同，只是口味略有差异。炖制菜肴的特点：汤多味鲜，原汁原味，形态完整，酥而不碎。根据加热方法不同，炖可分为隔水炖和不隔水炖。

工艺流程

选择原料 → 初步加工 → 焯水 → 调味 → 炖制 → 成菜

一、隔水炖

隔水炖是指将加工后的原料放入盛器内，隔水加热使其成熟的一种炖制方法。隔水炖菜肴的特点：味醇汤清，形整味鲜。

工艺流程

选择原料 → 初加工 → 刀工处理 → 初步熟处理 → 炖制成菜

工艺指导

（1）原料要经过焯水，以达到去腥膻、去异味、去杂质的目的。

（2）原料焯水后要洗涤，然后再放入器皿内加入调料和汤水炖制。

（3）炖制菜肴最好选用陶瓷器皿，它既是盛器，也是导热体。

菜肴实例1　清炖狮子头

“清炖狮子头”又名“炖占肉”，因其形态丰满，故形象地称为“狮子头”，是开封的传统名菜。此菜把肥肉切丁，瘦肉剁碎，掺入荸荠丁，用葱姜水摔打上劲，先浸煮，后用微火炖至酥烂。细品此菜，酥嫩中透脆爽，鲜香中见醇厚，入口自化、余味久长。

菜品名称	清炖狮子头	
原料	主料	猪肥瘦肉 1 000 克
	调辅料	虾 5 克，菜心 2 根，精盐 10 克，白糖 10 克，料酒 40 克，味精 5 克，葱姜汁 50 克，鸡蛋 1 个，湿淀粉 10 克
工艺流程	1. 原料加工切配：将猪肥瘦肉剁成碎丁，加入鸡蛋、湿淀粉、虾、白糖、料酒 30 克、精盐 8 克、味精 3 克，用力搅拌至上劲，再兑入葱姜汁继续搅打上劲，然后分成 7 份，团成圆球待用 **关键点：**肉馅一定要搅拌、摔打至上劲 2. 炖制成菜：砂锅里放上锅箅，添入清水烧开，将肉丸子逐个放入，汤沸时撇去浮沫，调好口味，盖上盖子，上笼蒸炖至成熟。此外，也可以在调好口味后，在丸子上盖一张生肉皮，用小火炖熟，走菜时盛入品锅内，并将拌过的菜心放在上面即成 **关键点：**蒸炖时火不易过大	
成品特点	肉味浓，汤鲜香，清香利口	
举一反三	用此方法将调辅料变化后还可以炖制“香菜丸子”“酸菜丸子”“炖肉滑”等菜肴	

菜肴实例2　八宝布袋鸡

“八宝布袋鸡”是一款传统豫菜。八宝在此指八种珍贵的烹饪原料，将“八宝”一词用作菜肴之名，最早见于清代袁枚所著的《随园食单》。该书录有“八宝肉”“八宝肉圆”“八宝豆腐”等多款用名“八宝”的美馔。

明清民间习俗中流行八宝图，一般是指欢喜神、玉鱼、鼓板、磬、龙门、松、鹤、灵芝八种祥瑞之物，有美好吉祥之意。

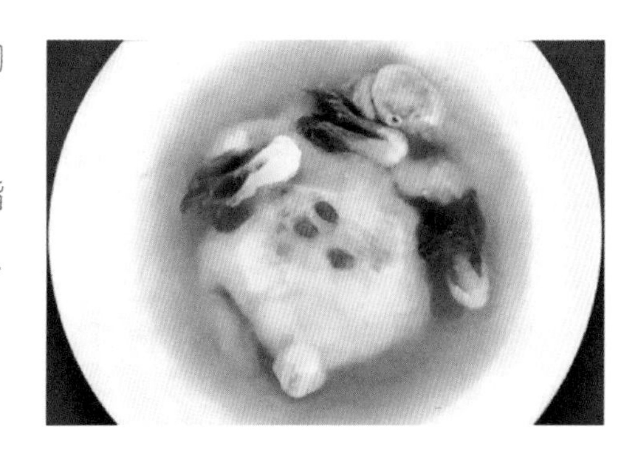

<table>
<tr><th>菜品名称</th><th colspan="2">八宝布袋鸡</th></tr>
<tr><td rowspan="2">原料</td><td>主料</td><td>仔母鸡1只（约750克）</td></tr>
<tr><td>调辅料</td><td>干贝8克，火腿30克，水发鱿鱼30克，水发海参30克，水发蹄筋30克，青豌豆15克，干香菇8克，冬笋50克，鸡肠笋10克，味精3克，精盐4克，料酒15克，清汤1 500毫升</td></tr>
<tr><td>工艺流程</td><td colspan="2">1. 原料初加工、熟处理：
（1）将仔母鸡宰杀、煺毛、洗净，经整鸡脱骨后，剔去爪骨，剁去鸡嘴尖、膀尖和爪的1/3，加工成布袋鸡。将加工好的布袋鸡用清水洗净，搌干水分
（2）将干贝抠去腰箍放入碗内，注入适量清汤上笼蒸烂，取出撕碎
（3）将干香菇用温水泡软，去蒂洗净。冬笋削去外皮洗净备用
（4）将香菇、冬笋、蹄筋、海参、鱿鱼、火腿切成0.5厘米见方的丁，与青豌豆一同用滚开的汤氽一下，放入大碗内，加入发好撕碎的干贝，再加入精盐、料酒、味精拌匀
关键点：整鸡脱骨不能碰破外皮
2. 炖制成菜：将拌匀的配料从鸡颈刀口处装入鸡腹内，用鸡肠笋扎封鸡颈刀口，放入滚开的汤内焯一下水，冲净表面浮沫，用温水洗净，放在品锅内，注入清汤，放入精盐、料酒，上笼蒸一个半小时取出即成
关键点：蒸制时，品锅必须加盖，避免汽水渗入，保持原汁原味</td></tr>
<tr><td>成品特点</td><td colspan="2">形态丰满，内含八宝，滋味鲜美</td></tr>
<tr><td>举一反三</td><td colspan="2">用此方法将主料变化后还可以制作“八宝葫芦鸭”“套四宝”“葫芦鸡腿”等菜肴</td></tr>
</table>

二、不隔水炖

不隔水炖是指将加工后的原料放入盛器内，加入调味品和水直接放在火上加热使其成熟的一种炖制方法。不隔水炖菜肴的特点：质地软烂，香味浓郁。

工艺流程

选择原料→初加工→刀工处理→初步熟处理→加汤调味炖制成菜

工艺指导

（1）原料要选择新鲜、蛋白质含量丰富、结缔组织较多的动物性原料或形态较大的植物性原料。

（2）原料炖制前要焯水、清洗。

（3）炖制的菜肴汤汁要一次加足，盛器要加盖。火候掌握要恰当，先用旺火，再用中小火，最后用小火。

菜肴实例　南湾鱼头炖豆腐

“南湾鱼头炖豆腐”以信阳南湾湖盛产的鳙鱼、鲢鱼头为主料烹制而成。信阳是河南的南大门，它东与安徽相邻，南与湖北接壤，古为楚国之地，继承吸取了楚文化和中原文化的优良传统，饮食上钟情汤羹肴馔。近年来，作为豫菜百花园中的一枝奇葩，信阳炖菜深受广大消费者的青睐，有些宾馆、饭店厨房还专门增设了信阳炖菜间。信阳炖菜在选料上崇尚自然，追求本真，一般炖菜主料都要经过焯水、煸炒、煎炸，特殊的还要卤制、腌渍等。信阳炖菜用料广泛，滋味适中，质朴务实，契合了近年来人们崇尚自然、返璞归真的饮食追求。

菜品名称	南湾鱼头炖豆腐	
原料	主料	鲢鱼头 1 个（约 1 000 克）
	调辅料	嫩豆腐 100 克，金华火腿 50 克，葱、姜共 15 克，精盐 3 克，味精 3 克，胡椒粉 2 克，料酒 10 克，鲜汤 1 000 克，猪油 500 克
工艺流程	1. 原料初加工：将鲢鱼头刮净鱼鳞、去净腮，清洗干净，剁成两半 **关键点：**鲢鱼头要新鲜，加工后要清洗干净 2. 煎制：锅放火上，添加猪油烧热，下入鲢鱼头煎至微黄，再下入葱、姜炸出香味 **关键点：**掌握好火候，以免影响菜品质量	

续表

菜品名称	南湾鱼头炖豆腐
工艺流程	3. 炖制成菜：将鲢鱼头煎制好后，加入热鲜汤，盖上锅盖，炖至汤汁发白时，下入嫩豆腐、火腿、精盐、味精、料酒、胡椒粉等调辅料炖至入味即成 **关键点：**掌握好火候和口味，至汤发白时再下调辅料
成品特点	鱼肉、豆腐软嫩，汤汁鲜醇，回味厚重
举一反三	用此方法将主料变化后还可以炖制“柴鸡炖蘑菇”“炖羊排”等菜肴

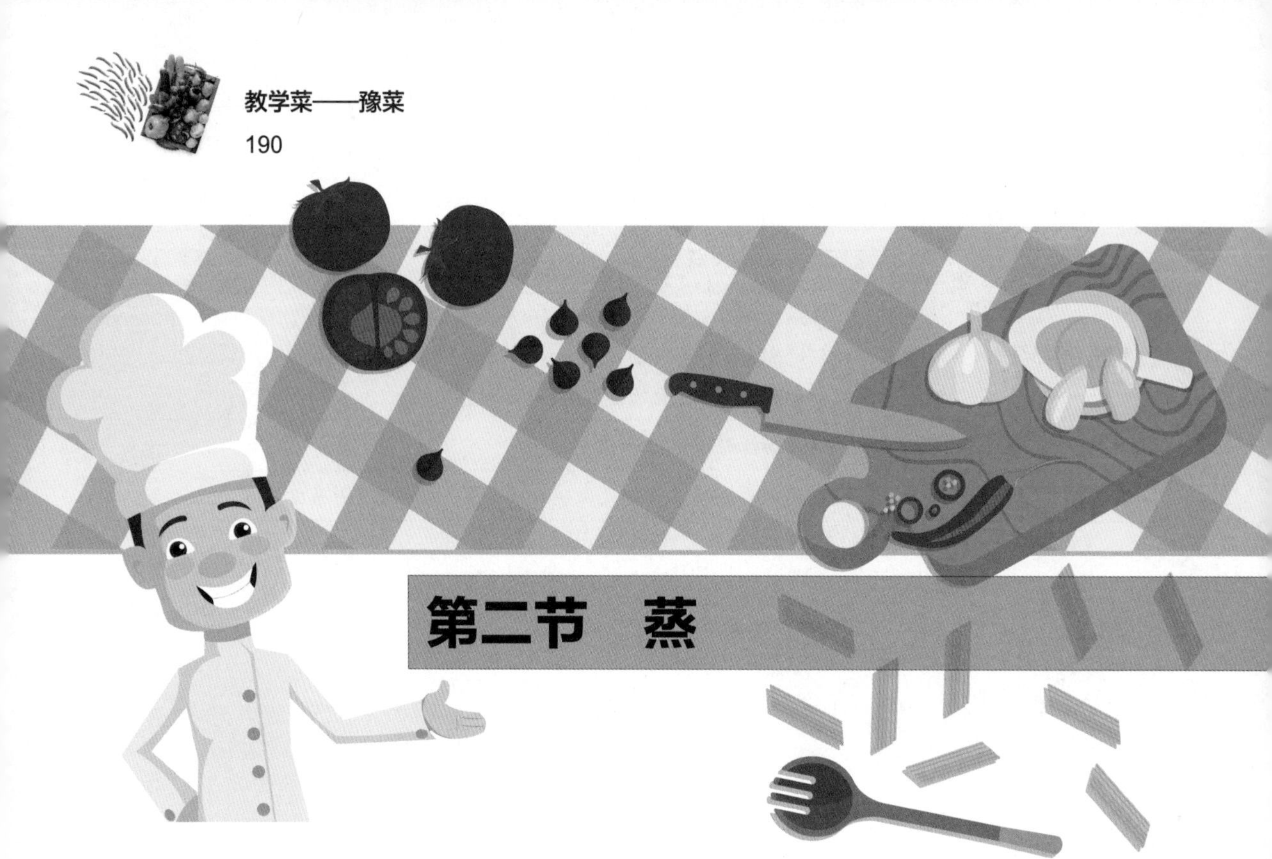

第二节 蒸

蒸是指将经过加工切配、调味、盛装的原料，利用蒸汽加热，使之成熟或软熟入味成菜的烹调方法。蒸制菜肴由于蒸笼内的温度已达到饱和并有一定的压力，所以受热均匀，菜肴的滋润度高。原料在蒸制时不翻动，原料的形态保持不变。蒸的适用范围非常广泛，无论原料的形状大小，整形还是散形，流态还是半流态，质老难熟还是质嫩易熟，都可以运用此法。蒸可分为清蒸和粉蒸。蒸制菜肴的特点：原形不变，原味不失，保持原汤原汁。

工艺流程

选择原料→初步处理→刀工切配→调味兑汁→蒸制成菜

一、清蒸

清蒸是指主料经加工成半成品后，加入调味品，添入鲜汤蒸制，或者原料经加工后，加入调味品装盘，直接蒸制成菜的一种蒸制方法。清蒸菜肴的特点：保持菜肴本色，汤清汁宽，质地细嫩或软熟，清淡爽口。

工艺流程

选择原料→初加工→初熟制备→调味装盘→蒸制成菜

工艺指导

（1）清蒸菜肴要求原料的新鲜程度高、无异味。

（2）原料经刀工处理装入器皿中，加入调味品和鲜汤蒸制。

（3）蒸制时对要求软熟的菜肴，需用旺火长时间蒸制，对要求细嫩的菜肴，需用旺火沸水速蒸，或中火沸水慢蒸。

菜肴实例1 清蒸鲤鱼

“蒸鱼”之法系由周代“烩鲤”沿袭而来，其特点是沸水、旺火、急气、断生即可。“清蒸鲤鱼”以黄河鲤鱼为主料，配以多种辅料，以旺火沸水急气蒸制而成。鱼肉易于消化，对于食欲不振、身体虚弱的人来说，是很好的滋补食物。

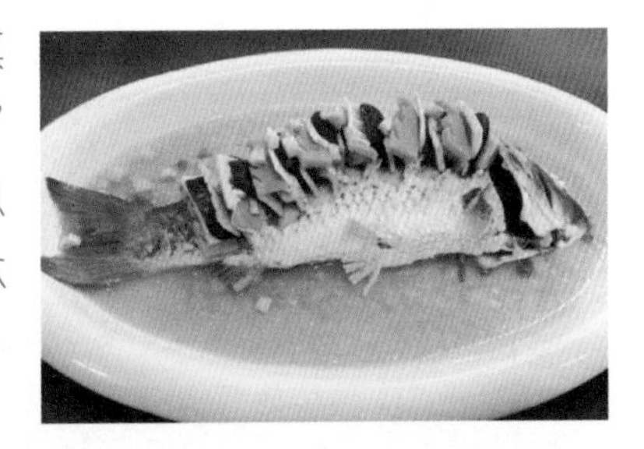

菜品名称	清蒸鲤鱼	
原料	主料	鲤鱼1尾（约750克）
	调辅料	葱5克，姜5克，水发香菇25克，火腿25克，玉兰片25克，鱼汁15克，花椒油10克，精盐2.5克，味精2.5克，料酒10克
工艺流程	1. 原料初加工及切配：将鲤鱼宰杀干净，在鱼身两面解牡丹花刀，用开水紧一下，再用料酒、精盐腌渍入味。将葱切成段，姜切成花姜片，香菇片成坡刀片，火腿切成片 **关键点：**要选择新鲜的鲤鱼。加工方法要正确，刀口要整齐美观。在初加工时，掀开鱼的一个鳃盖，把拇指伸入，把鱼牙去掉。鱼腹内的黑皮必须刮净，否则会有腥味 2. 装盘调味：将鱼放入盘内，在每个刀口处夹上葱姜、香菇、火腿、玉兰片，浇上鱼汁及精盐、料酒、味精等调味品调成的汁 **关键点：**掌握好口味，摆放好鱼的形状 3. 蒸制成菜：将鱼盘放入蒸笼，蒸七八分钟取出，倒出汤汁，加热后浇在鱼身上，花椒油烧热浇在鱼上面即成 **关键点：**掌握好蒸制的火候和时间，防止鱼肉质老不嫩	
成品特点	肉嫩味鲜，清爽利口	
举一反三	用此方法将主料变化后还可以蒸制“清蒸鸡”“珍珠丸子”“清蒸鳜鱼”等菜肴	

菜肴实例2 清蒸头尾炒鱼丝

“清蒸头尾炒鱼丝”最早由豫菜大师陈景望所创。陈景望早年主厨于中国驻加拿大渥太华领事馆，归国后司厨于开封宋都宾馆，同其兄长陈景和发掘、整理、创新出一大批经典豫菜，如“套四宝”“糖醋软熘鲤鱼焙面”“白扒鱼翅”“烧臆子”“炸紫苏肉”等。1988年5月，第二届全国烹饪大赛在北京举行，河南共取得4块金牌，其中3块出自陈氏兄弟培养的弟子，成为河南烹饪界的一大美谈。

菜品名称	清蒸头尾炒鱼丝	
原料	主料	鳜鱼1条（约750克）
	调辅料	青菜心100克，青红椒30克，葱10克，姜10克，鸡蛋清1个，精盐3克，料酒5克，鸡粉4克，湿淀粉10克，植物油1 000克（实耗75克）
工艺流程	1. 原料初加工：将鳜鱼宰杀洗净，鱼肉与头尾分离，鱼肉切成丝。青红椒切成丝 **关键点：**切鱼丝粗细要均匀 2. 蒸制、滑油成菜： （1）将鱼头、鱼尾用葱、姜、精盐、料酒、鸡粉腌渍后上笼蒸熟放入盘中两头。青菜心炒熟后放在盘边围边 （2）将切好的鱼肉丝用蛋清、湿淀粉拌匀，热锅凉油下入锅中滑熟，配青红椒丝炒匀，出锅盛入盘中的鱼头、鱼尾中间即成 **关键点：**鱼肉丝过油时油温不宜过高。鱼头、鱼尾蒸熟与鱼丝出锅应在同一时间，方可保证成菜温度和色泽	
成品特点	色泽洁白，口感滑嫩，一鱼双味，鲜咸味美	
举一反三	用此方法将主料变化后还可以蒸制“清蒸头尾炒鱼米”“清蒸头尾炒鱼仁”等菜肴	

菜肴实例3 小酥肉

“小酥肉”是和“大酥肉”相对而得名的传统菜肴，且有“小酥肉带汤”“小酥肉焖鱼裙”“小酥肉焖海带”等衍生品种，此类菜肴制作简单，视为俗菜。它以羊腿肉或猪腿肉切条、腌渍、挂糊、过油、装碗后，佐以葱、姜、八角，以高汤武火蒸至酥烂即可。“小酥肉”是极具魅力之品，但凡宴席压桌，抑或佐酒下饭，其香鲜酥烂之质，醇厚平和之味，深得各阶层人士喜爱。

菜品名称	小酥肉	
原料	主料	猪肥瘦肉 300 克
	调辅料	鸡蛋 1 个，淀粉 50 克，精盐 3 克，料酒 10 克，味精 3 克，葱、姜丝共 20 克，花椒、茴香、老抽适量，植物油 1 000 克（约耗 75 克）
工艺流程	1. 原料初加工：将猪肉洗净，切成小拇指粗细、长约 5 厘米的条，先用精盐、料酒、老抽适量码一下味，再用鸡蛋、淀粉挂糊备用 **关键点：**猪肉条不宜切得过粗或过细，要长短一致、粗细均匀 2. 过油、蒸制成菜： （1）锅内倒入植物油，烧至六成热时将挂好糊的肉条下入锅内，炸至金黄色捞出 （2）取一海碗，放入葱、姜丝和花椒、茴香，再放入炸好的肉条。用适量开水、精盐、料酒、味精、老抽调成味汁后倒入海碗内。最后将海碗放入蒸笼中蒸 40 分钟，走菜时将蒸好的肉条扣入盘中即成 **关键点：**调味、调色不宜过重	
成品特点	肉条软烂，咸香可口	
举一反三	用此方法还可以蒸制“酸汤酥肉”等菜肴	

菜肴实例 4　芥菜肉

“芥菜肉”系河南民间的传统菜，也是节日、喜庆宴席必备之菜肴。芥菜俗称长年菜、小柴胡，味辛、性温，具有益肺祛痰之功效。芥菜含硒量高，具有预防肿瘤、保护心肌和解毒作用。芥菜与五花肉相配，芥菜的香味与肉的香味融合一起，肉烂醇香，肥而不腻。

<table>
<tr><th>菜品名称</th><th colspan="2">芥菜肉</th></tr>
<tr><td rowspan="2">原料</td><td>主料</td><td>带皮猪五花肋条肉 500 克</td></tr>
<tr><td>调辅料</td><td>芥菜 150 克，葱丝 5 克，姜丝 5 克，精盐 3 克，酱油 50 克，花椒油 10 克，花椒 10 粒，八角 2 克，料酒 10 克，糖色 1 克，植物油 1 000 克（实耗 50 克），鲜汤适量</td></tr>
<tr><td>工艺流程</td><td colspan="2">1. 原料初加工、熟处理：
（1）将五花肋条肉切成 10 ~ 12 厘米的肉方，清洗干净放入煮锅，加入适量水，煮至肉方八成熟时（即从肉皮面能用筷子扎透，但又能感到轻微阻力）捞出，搌干肉块表面的水分，趁热用糖色把肉皮涂抹均匀
（2）净锅内放入植物油，烧至七八成热，将抹过糖色的肉块皮朝下放入锅中，盖上锅盖，炸至锅内不出大响声，肉皮起泡呈红色时捞出，用水激一下，切成 0.5 厘米厚的大片
关键点：肉方过油时要用锅盖遮挡，以防热油飞溅伤人。肉切片要厚薄一致
2. 定碗、上笼蒸制成菜：
（1）取碗，将花椒、八角、葱姜丝放入碗底，将肉片皮朝下整齐排在碗内。将芥菜切成段，兑入酱油、精盐、花椒油、料酒、鲜汤，拌好放在肉上（垫底），上笼蒸烂
（2）走菜时扣入盘中，去掉葱、姜、花椒、八角即成
关键点：饲料猪肉一般蒸制 1 小时即可，土猪肉需蒸制 2 ~ 3 小时</td></tr>
<tr><td>成品特点</td><td colspan="2">芥菜的香味与猪肉的香味融合在一起，肉烂醇香，肥而不腻</td></tr>
<tr><td>举一反三</td><td colspan="2">用此方法将主料及味汁变化后还可以蒸制“条子肉”“梅菜扣肉”“海带扣肉”等菜肴</td></tr>
</table>

菜肴实例 5　金钱肉

“金钱肉”因形似古钱而得名。中国古钱大多外圆内方，如汉代的五铢钱、唐代的开元通宝、宋代的大宋通宝，一直到清朝的顺治通宝等都是如此。这里蕴含着这样几层意思：古人以为天圆地方，故以圆、方代表天、地。同时圆是中国道家变通的学问，方是中国儒家人格修养的境界。但就一般含义来讲，圆者意为团团圆圆，和睦相处，方者意为方方正正，以诚待人。

菜品名称	金钱肉	
原料	主料	猪带皮五花肉 500 克
	调辅料	山药 100 克，菜干 70 克，豆瓣酱 5 克，老抽 3 克，精盐 2 克，料酒 4 克，味精 3 克，葱、姜丝各 3 克，八角 2 克，鲜汤少许，植物油 1 000 克（实耗 75 克）
工艺流程	1. 原料切配、熟处理： （1）将五花肉按刀口长度能卷成两层切块煮熟，皮上抹上老抽锅内过油炸至上色，切成长方大薄片，用老抽、豆瓣酱等拌匀，卷包山药，美观地摆放在碗内 （2）将菜干用老抽、葱姜丝、八角微炒后，铺在盘内垫底 （3）用精盐、料酒、老抽、味精、鲜汤调成汁，浇于碗内 **关键点：**猪肉过油时要用锅盖遮挡，以防热油飞溅伤人。肉片不要太厚，要厚薄一致 2. 蒸制成菜：将定好碗的肉卷上笼蒸熟，反扣在盘内，点缀即成 **关键点：**注意造型美观	
成品特点	菜干的香味与肉的香味融合在一起，山药爽滑，肉烂醇香，肥而不腻	
举一反三	用此方法将主料及味汁变化后还可以蒸制“腐乳肉”“米粉肉”等菜肴	

二、粉蒸

粉蒸是指原料经加工切配后，放入调味品拌渍，用适量的大米粉拌和均匀，上笼蒸至软熟酥烂成菜的一种蒸制方法。粉蒸菜肴的特点：色泽金红或黄亮，软糯滋润，醇香浓鲜，油而不腻。

工艺流程

选择原料→刀工切配→调味腌渍→拌匀米粉→蒸制成菜

工艺指导

（1）粉蒸原料要选择质地老韧无筋、鲜香味足、肥瘦相间，或是质地细嫩无筋、清香味鲜、受热易熟的原料。

（2）粉蒸菜肴需先经调味品浸渍，渗透入味，口感才好。

（3）拌米粉时，要根据原料的质地老嫩、肥瘦比例来确定米粉的用量，一般选用 10 ∶ 1 的比例。

（4）蒸制时原料不宜压得过于紧实，以免影响疏松度和成熟的一致性。

菜肴实例 1 粉蒸时蔬

河南人喜欢根据不同季节用面粉拌一些蔬菜、野菜，蒸后加调料拌食，这种方法不仅易于消化，而且营养流失少。春季各种时令蔬菜大量上市，正是制作粉蒸时蔬的好时节。看似十分简单的粉蒸菜，烹制却颇有讲究，制作时一定要掌握好原料表面的含水量、扑粉量和蒸制时间。

<table>
<tr><th>菜品名称</th><th colspan="2">粉蒸时蔬</th></tr>
<tr><td rowspan="2">原料</td><td>主料</td><td>胡萝卜 1 根</td></tr>
<tr><td>调辅料</td><td>面粉、盐水、食用油、蒜泥、芝麻香油适量</td></tr>
<tr><td>工艺流程</td><td colspan="2">1. 原料初加工：
（1）将胡萝卜用刨菜器刨成 10 厘米长的细丝，泡在盐水中 10 分钟左右（盐适当多放些，蒸时可不用再放盐）
（2）用纱布把盐水泡好的胡萝卜丝拧干水分，倒入一点食用油拌匀
（3）将面粉倒入拌了油的胡萝卜丝里，用双手轻轻抄拌，直到每根胡萝卜丝都被面粉包裹
关键点：先用盐水泡，这样蒸出来的胡萝卜丝有韧劲。泡好的胡萝卜丝一定要沥干水分，否则拌面时会粘在一起，蒸出来不利落，拌面前放一点油，原料不粘连，口感嫩
2. 蒸制成菜：
（1）锅里添水，水开后把拌好面的胡萝卜丝抖散，放入铺了屉布的笼屉上蒸制，上气后蒸 3 ~ 5 分钟即可出锅，出锅后抖散晾凉
（2）加入蒜泥、香油等调味品拌匀即可装盘上桌
关键点：蒸制时间不宜过长，掌握好口味</td></tr>
<tr><td>成品特点</td><td colspan="2">色泽鲜艳，筋爽利口</td></tr>
<tr><td>举一反三</td><td colspan="2">用此方法将主料变化后还可以蒸制“粉蒸芹菜叶”“粉蒸土豆丝”等菜肴</td></tr>
</table>

菜肴实例2　丁家粉蒸肉

郑州新郑“丁家粉蒸肉”是一道传统豫菜，成品菜红光透亮，样如水晶，香气扑鼻，诱人食欲。“丁家粉蒸肉”始自清末丁家饭庄，距今已有100多年历史，汇南北风味之精华创制而成。

菜品名称	丁家粉蒸肉	
原料	主料	鲜猪肉300克
	调辅料	葱、姜各5克，五香粉1.5克，甜面酱25克，精盐0.5克，料酒10克，酱油20克，八角5克，桂皮5克，大米60克，鲜汤100克，白糖适量
工艺流程	1. 原料初加工： （1）将大米洗净晾干，放入锅中加八角、桂皮小火炒至淡黄色取出，拣去八角、桂皮后，将米擀成粗粉待用 （2）将鲜猪肉切片，用葱、姜、五香粉、甜面酱、精盐、料酒、酱油、白糖等调味品腌渍后，加入米粉和鲜汤拌匀 **关键点：**要选择去骨带皮的鲜猪肉，并要肥瘦适中，最好是带皮肋条肉。米粉的加工方法要正确，注意炒米的火候。掌握好口味，以免影响菜品质量 2. 蒸制成菜：把拌匀的猪肉片整齐地排入碗中，上笼大火蒸30分钟，取出扣入盘中即成 **关键点：**由于此菜是用生肉蒸制，因此要掌握好火候	
成品特点	米糯肉烂，香醇味浓	
举一反三	用此方法将主料变化后还可以蒸制“粉蒸牛肉”“粉蒸羊肉”“粉蒸排骨”等菜肴	

第三节　烩

烩是指将两种以上初步熟处理的小型原料一起放入锅内，加入鲜汤和调味品，用中火加热烧沸、勾芡成菜的烹调方法。烩菜对原料有一定的选择性，通常选用熟料、半熟料或容易成熟的原料，如涨发后的干货原料，半成品的肉圆、虾圆、鱼圆等。烩菜由于是短时间加热，原料的形状最好加工成较易成熟、入味的小型形状。烩制菜肴的特点：用料多样，汤宽芡厚，菜汁合一，清淡鲜香，滑腻爽口。

工艺流程

选择原料→初步处理→刀工切配→调味兑汁→烩制成菜

工艺指导

（1）选用新鲜、细嫩、易熟、无异味的原料，经焯水熟处理后，晾凉，切配成相宜的丁、丝、条、片、块、粒、末等形状。

（2）烩菜一般要经过葱姜炝锅，炒出香味，再添入鲜汤烧沸，捞去葱姜，加入原料和调味品，烧沸至入味，勾芡起锅成菜。

（3）烩制时要迅速，尽量缩短烩制的时间，以增加鲜香味。

菜肴实例1　郑州羊肉烩粉条

大烩菜又叫烩什锦、杂烩、熬菜等，是用多种原料烩在一起制作而成的美味，具有多味混合、醇香不腻、咸鲜可口的特点。

<table>
<tr><th>菜品名称</th><th colspan="2">郑州羊肉烩粉条</th></tr>
<tr><td rowspan="2">原料</td><td>主料</td><td>羊腿肉 750 克</td></tr>
<tr><td>调辅料</td><td>茄子 500 克，粉条 100 克，木耳 50 克，小烧饼 10 个，香菜 20 克，糖蒜 50 克，姜 10 克，葱 20 克，精盐 8 克，冰糖老抽 5 克，胡椒粉 5 克，葱油 20 克，原汤适量</td></tr>
<tr><td>工艺流程</td><td colspan="2">1. 原料初加工、预熟处理：
（1）把新鲜羊腿肉冲洗干净后切成块，汆水待用
（2）在羊腿肉中加葱、姜、少许精盐、胡椒粉、冰糖、老抽煮熟。茄子去皮后切成片，挂全蛋糊并提前炸好切成条状。粉条泡好改刀成 15 厘米长的段
关键点：要提前做好预熟加工，煮制羊肉时需加点冰糖、老抽使其上色
2. 烩制成菜：锅内加入葱油烧热，下入姜、葱煸出香味后加入原汤，下入主料和茄子、粉条、木耳等调辅料烩制 5 分钟，调味即成，上桌时撒香菜点缀，外带糖蒜和烧饼
关键点：掌握好调味料的投放量，调好口味，烩制时间不宜过长</td></tr>
<tr><td>成品特点</td><td colspan="2">多味混合，醇香不腻，咸鲜可口</td></tr>
<tr><td>举一反三</td><td colspan="2">用此方法将主料变化后还可以烩制“大锅熬菜”“烩三鲜”等菜肴</td></tr>
</table>

菜肴实例2　酸辣肚丝汤

“酸辣肚丝汤”是河南传统名馔，属豫菜汤粥类菜肴之一，河南冬令筵席必备佳肴。此汤以熟猪肚、香菜为主要原料，可醒酒健胃，暖身驱寒。豫菜烹制酸辣汤讲究酸而不酷，辣而不烈，咸而不涩，三味相平，每一味都不能过头，才算恰到好处。

菜品名称	酸辣肚丝汤	
原料	主料	猪肚200克
	调辅料	淀粉（蚕豆）5克，精盐5克，味精3克，香菜5克，酱油15克，黄酒10克，芝麻香油5克，姜10克，醋25克，胡椒粉2克，清汤1 250毫升，湿淀粉适量
工艺流程	1. 原料初加工：将猪肚用刮拔洗、盐醋搓洗等方法加工干净，再用清水冲洗干净，入锅煮熟，稍晾后放砧板上，用刀片成两片，再立刀切成2毫米粗、3厘米长的丝。将肚丝在开水锅里汆一下，捞出备用。姜切丝，香菜切段 **关键点：**要选择新鲜的猪肚，加工方法要正确，刀口要整齐美观。掌握好原料的成熟度及形状 2. 烩制成菜：炒锅置旺火上，添入清汤，下入肚丝、姜丝、酱油、精盐、胡椒粉、黄酒、味精，烧至汤沸，撇去浮沫，用醋兑湿淀粉，勾水粉芡，盛入大汤碗中，淋上芝麻香油、撒入香菜段即成 **关键点：**掌握好烩制的火候，防止猪肚质老不嫩。调味不可过重	
成品特点	醒酒健胃，暖身驱寒，酸辣适口	
举一反三	用此方法将主料变化后还可以烩制“竹荪烩鸭片”“烩银丝”“烩鸭舌掌”“烩鸡火丝”等菜肴	

菜肴实例3 五嫂鱼羹

鱼羹有鱼之鲜美而无鱼刺之扰。据传，北宋汴京人宋五嫂随宋室南渡，于西湖之畔专售鱼羹。一日得宋孝宗一尝，确属家乡之味，于是赏赐有加，“五嫂鱼羹”自此声名鹊起，流传至今。此菜以鱼剔骨，高汤调制，以醋与胡椒提酸辣之味，肉质鲜嫩，口感爽滑，实为解酒下饭之上品。

菜品名称	五嫂鱼羹	
原料	主料	鲤鱼500克
	调辅料	冬笋丝15克，水发香菇丝15克，香菜叶15克，精盐3克，味精2克，醋15克，湿淀粉50克，料酒15克，姜丝5克，胡椒粉10克，酱油10克，头汤1 000克，芝麻香油10克
工艺流程	1. 原料加工、预熟处理：把初步加工好的鱼洗净，上笼蒸熟取出，剔净鱼骨、鱼刺，将鱼肉撕成0.5厘米宽、2厘米长的肉批 **关键点：**剔净鱼骨、鱼刺 2. 烩制成菜：炒锅置旺火上，添入头汤，放入姜丝、冬笋丝、香菇丝和鱼肉批，再投入精盐、味精、料酒、胡椒粉、酱油，汤沸后用醋将湿淀粉澥开勾入汤中，出锅前淋入芝麻香油，香菜叶放味碟上，与汤一起上桌即成	

续表

菜品名称	五嫂鱼羹
工艺流程	**关键点：**掌握好醋、胡椒粉的投放量
成品特点	酸中透辣、辣中透咸、咸中透香、香中透鲜，以酸领头，酸、辣、咸三味相平
举一反三	用此方法将主料变化后还可以烩制“苜蓿汤”“翻身鸡蛋汤”等菜肴

菜肴实例 4　甲鱼泡馍

甲鱼俗称鳖、团鱼、水鱼等，古代称作神守。甲鱼的营养价值极高，具有清热养阴、平肝熄风等疗效。同时，甲鱼也是餐桌上的美味佳肴，上等筵席的优质材料。甲鱼营养全面，最适宜做汤，民间有“鲤鱼吃肉，王八喝汤”的说法。甲鱼肉的腥味较难除掉，在宰杀甲鱼时，从甲鱼的内脏中拣出胆囊，取出胆汁。将甲鱼洗涤后，将甲鱼胆汁加些水，涂抹于甲鱼全身，稍待片刻，用清水漂洗干净，可去除甲鱼的腥味。

菜品名称	甲鱼泡馍	
原料	主料	甲鱼 1 只（约 600 克）
	调辅料	八角 4 克，葱 20 克，姜 10 克，干香菇 50 克，枸杞 10 粒，蒜瓣 30 克，大馍 2 个，植物油 1 000 克（实耗 75 克），精盐 4 克，料酒 5 克，味精 3 克，胡椒粉 3 克，老抽 5 克，芝麻香油 5 克，高汤适量，湿淀粉适量
工艺流程	1. 原料初加工： （1）甲鱼腹朝上，等脖子伸出时迅速用刀把甲鱼头剁掉、放血、洗净，用开水把杀好的甲鱼烫一下，刮除外皮。再用刀从上盖边处下刀把盖掀起，除去内脏，清洗干净，剁成块备用 （2）香菇清洗干净，用水泡软。大馍揭去馍皮，切成菱形块备用。葱切成花、姜切成片 **关键点：**甲鱼的外皮有腥味，要刮除干净。甲鱼体内的黄油腥味异常，一定要除净。剁甲鱼块时，要注意安全 2. 烧制成菜： （1）锅内下植物油，烧至五成热时将馍块下入炸至金黄色捞出 （2）锅上火，下入底油，烧热后放入八角、葱、姜，再下入甲鱼块，放入老抽煸炒，上色后，添入高汤、香菇、蒜瓣、枸杞，烧至甲鱼软烂时，再放入精盐、味精、胡椒粉、料酒，湿淀粉略勾流水芡，淋入芝麻香油起锅，盛入汤盆中，外带炸好的馍块即成 **关键点：**控制好火候，调味要准确，汤汁不宜稠	
成品特点	色泽光润，质细软香	
举一反三	甲鱼还可以用来清炖、软烧、煲汤等	

菜肴实例 5　洛阳肉片

“洛阳肉片”是洛阳地区的传统地方名菜。此菜历史悠久，据传北宋时已盛行洛阳。因洛阳为陕甘晋豫四省通衢，为适合陕、晋两省客人口味而加入了醋和胡椒，备受欢迎。

<table>
<tr><th>菜品名称</th><th colspan="2">洛阳肉片</th></tr>
<tr><td rowspan="2">原料</td><td>主料</td><td>猪肥瘦肉 200 克</td></tr>
<tr><td>调辅料</td><td>熟冬笋片 25 克，水发木耳 25 克，黄花菜 25 克，大青豆 15 克，精盐 4 克，味精 1 克，蒜片 1 克，葱花 1 克，鸡蛋半个，湿淀粉 20 克，胡椒粉 2 克，酱油 10 克，醋 10 克，料酒 5 克，头汤 750 克，熟猪油 500 克（实耗 50 克）</td></tr>
<tr><td>工艺流程</td><td colspan="2">1. 原料初加工：将猪肥瘦肉洗净，切成 4 厘米长、2 厘米宽、0.25 厘米厚的薄片，用鸡蛋加湿淀粉 5 克、精盐 1 克、酱油 2 克拌匀，叠上劲备用
关键点：肉片要厚薄一致，上浆要叠上劲
2. 烧制成菜：炒锅置旺火上，加入熟猪油，烧至六成热时，把肉片下入锅内，用炒勺轻搅划散，待肉片断生时倒出沥油。锅内留油少许，再置火上，放入冬笋片、木耳、黄花菜、大青豆、葱花、蒜片煸透后，加入头汤、料酒、酱油 8 克、精盐 3 克和味精，待烧开后放入湿淀粉 15 克勾芡，加入醋和明油 10 克略搅，盛在大汤碗里，撒上胡椒粉即成
关键点：按要求加调味品，控制好汤汁的稀稠</td></tr>
<tr><td>成品特点</td><td colspan="2">质嫩滑爽，鲜香酸辣</td></tr>
<tr><td>举一反三</td><td colspan="2">用此方法将主料及味汁变化后还可以制作“酸汤丸子”“肉片连汤”等菜肴</td></tr>
</table>

第四节　煨

煨是指将原料加入较多量的汤水后，用旺火烧沸，再用小火或微火长时间加热至酥烂成菜的烹调方法。煨制菜肴的特点：软糯酥烂，味鲜醇厚，汤宽而浓。

工艺流程

选择原料→初步加工→焯水→调味→煨制成菜

工艺指导

（1）煨法因长时间加热，故选用原料多为大块牛肉、猪蹄膀等。一般先焯水，将浮沫撇净。

（2）原料焯水洗净后，放入陶器中，添水和调料，用旺火烧沸，移至小火煨至酥烂即成。

菜肴实例　番茄煨牛肉

“番茄煨牛肉”是一道营养丰富的菜肴，具有补气固中，益气止渴，生津液、开胃口等食疗功效。

<table>
<tr><th>菜品名称</th><th colspan="2">番茄煨牛肉</th></tr>
<tr><td rowspan="2">原料</td><td>主料</td><td>牛腩肉 1 000 克</td></tr>
<tr><td>调辅料</td><td>番茄酱 50 克，葱、姜各 10 克，八角 4 克，花生油 50 克，白糖 15 克，味精 5 克，料酒 15 克，精盐 5 克，汤 500 克</td></tr>
<tr><td>工艺流程</td><td colspan="2">1. 原料初加工：将牛腩肉清洗干净，切成 3 厘米见方的块，放入开水锅内氽透捞出，用凉水洗净血沫
关键点：要选用鲜嫩的牛腩肉，加工方法要正确，符合菜肴要求
2. 煨制成菜：净锅置火上，加入花生油，油热后将葱、姜、番茄酱下锅炸一下，添入汤、牛肉块和料酒、精盐、白糖、味精、八角等调辅料，用武火烧开，文火煨制，待肉烂汁浓，拣出八角即成
关键点：掌握好口味，加汤的量要掌握好，掌握好煨制的火候</td></tr>
<tr><td>成品特点</td><td colspan="2">色泽鲜艳，汁浓不腻，鲜嫩味醇</td></tr>
<tr><td>举一反三</td><td colspan="2">用此方法将主料变化后还可以煨制“红煨牛肉”“煨脐门”等菜肴</td></tr>
</table>

第五节 汆

将原料加工成丝、片、丸后，放入沸汤或沸水中稍微一煮称为汆，如“汆鸡片”“清汤鱼丸”等。汆有水汆、汤汆、清汆、浑汆之分。汆制菜肴的特点：柔软细嫩，味道清鲜。

工艺流程

选择原料→加工切配→上浆或制泥→汆制成菜

工艺指导

（1）要选择质地细嫩、新鲜无异味的原料。

（2）原料片要薄厚一致、丸要大小相等，形状上要易于成熟。

（3）上浆的原料要掌握好浆的稀稠，制茸泥的原料要无筋无刺，并注意茸泥的软硬。

菜肴实例1 生汆丸子

“生汆丸子”是传统豫菜，以瘦多肥少的猪肉为原料剁细如茸，另配葱姜米、蛋清、粉芡，搅打上劲，挤成鹌鹑蛋大小之丸子，以上好清汤汆煮，用粉丝、木耳、菜心搭配成菜。食之，丸子脆嫩爽滑，汤汁清澈挂唇，乃宴席之上品。

<table>
<tr><th>菜品名称</th><th colspan="2">生氽丸子</th></tr>
<tr><td rowspan="2">原料</td><td>主料</td><td>猪瘦肉 400 克</td></tr>
<tr><td>调辅料</td><td>淀粉 50 克，鸡蛋清 2 个，水发粉丝 100 克，菜心 50 克，精盐 5 克，味精 3 克，料酒 10 克，葱姜水 150 克，鲜汤适量</td></tr>
<tr><td>工艺流程</td><td colspan="2">1. 原料加工切配：选择无皮、无筋的猪瘦肉切成片，用清水泡一会儿，追出血水，捞出再剁砸成泥。将鸡蛋清与淀粉澥开，同肉泥、料酒和精盐一起搅打，边搅边兑入葱姜水，搅打至上劲成肉糊
关键点：选取色泽浅一些、质地细嫩的肉来制作茸泥，如猪通脊肉。肉糊的稀稠要恰当。制作生氽丸子关键是首先要掌握好肉、水、芡、盐的比例，其次制糊时要用力搅，一直搅到听见噗喷的声音。丸子的糊打好以后，挖一块放在冷水里应该能漂，芡大了、盐多了、打不上劲、葱姜水多了它都不会漂
2. 氽制成菜：锅置火上，添入清水或鲜汤。待汤微开时，用手将肉糊挤成鹌鹑蛋大小的丸子，放入汤内，汤开后撇去浮沫，下入菜心、粉丝，兑入精盐、料酒、味精等调辅料，盛入海碗内即成
关键点：丸子的大小要一致，入锅时水不能大开，入锅后一滚即成。一定要撇去浮沫，咸味勿过重</td></tr>
<tr><td>成品特点</td><td colspan="2">色形鲜艳，丸子滑嫩利口，汤醇味美</td></tr>
<tr><td>举一反三</td><td colspan="2">用此方法将主料变化后还可以氽制“氽鸡丸”“氽鱼丸”等菜肴</td></tr>
</table>

菜肴实例 2 清汤玻璃虾

虾的做法不少，口味也丰富多彩，然而将虾肉粘上干粉用木槌敲打成薄片，入沸汤氽而食之却别具特色。此菜看似简单，但制作却颇费功夫，对每一只虾都要耐心细致地进行加工、敲打。成菜虾片晶莹剔透，汤汁清鲜味美。

<table>
<tr><th>菜品名称</th><th colspan="2">清汤玻璃虾</th></tr>
<tr><td rowspan="2">原料</td><td>主料</td><td>大青虾 150 克</td></tr>
<tr><td>调辅料</td><td>青菜 100 克，冬笋 30 克，精盐 5 克，鸡粉 5 克，胡椒粉 3 克，清汤 500 克，干淀粉适量</td></tr>
</table>

续表

菜品名称	清汤玻璃虾
工艺流程	1. 原料初加工：将冬笋切片，青菜洗净。将虾取肉留尾，用刀从虾背部片开，剔除虾线，撒上干淀粉，用木槌敲打成薄片 **关键点：**敲打时动作要轻，要边敲打边适时粘干淀粉，以防粘连 2. 汆制成菜：锅置火上添水，水沸后改小火，下入虾片汆熟备用。锅再置火上，添入清汤，加入精盐、鸡粉、胡椒粉等调辅料，放入冬笋片烧开，再放入青菜和汆好的虾片即成 **关键点：**汤一定要撇去浮沫，咸味勿过重
成品特点	虾片形如玻璃，晶莹剔透，汤味鲜醇
举一反三	用此方法将主料变化后还可以汆制“清汤汆鸡片”“清汤汆鲍鱼”等菜肴

第六节　煮

煮是指将经过初步熟处理的半成品切配后放入汤汁中，先用旺火烧沸，再用中火或小火煮熟成菜的烹调方法。煮制菜肴的特点：汤宽味美，口感鲜软爽嫩。

工艺流程

选择原料→加工切配→煮制调味→成菜

工艺指导

（1）选料要新鲜、无腥膻异味，易于成熟，突出原料本味。

（2）所需汤可提前制好，有些原料要经过初步熟处理再行煮制。

（3）调味品不宜过早投放，要快出锅时再行调味，以免影响菜肴质感。

菜肴实例　牡丹燕菜

“牡丹燕菜”原名“洛阳燕菜”或“假燕菜”，为“洛阳水席”之头菜。它以白萝卜切细丝、浸泡、控干，拌绿豆淀粉上笼稍蒸后，入凉水中撕散码味、入冰箱冷冻，化开即颇似燕窝，再配以火腿、冬笋、海

参、香菇等上笼蒸透，以酸辣汤浇入而成。成菜口味酸辣，质爽味醇。

菜品名称	牡丹燕菜	
原料	主料	白萝卜 200 克
	调辅料	火腿 10 克，水发海参 10 克，鱿鱼 10 克，香菇 10 克，冬笋 10 克，香菜段 5 克，精盐 4 克，鸡粉 3 克，胡椒粉 2 克，香醋 4 克，芝麻香油 3 克，清汤 500 克，绿豆淀粉适量，蛋黄糕适量
工艺流程	1. 原料初加工：将白萝卜去皮洗净，切成细丝，用水浸泡后控干水分，拌上绿豆淀粉，上笼蒸熟，取出放入冰箱内急冻，用时化开 **关键点：**萝卜丝要切得非常细，蒸制时间不宜过长 2. 煮制成菜：将火腿、海参、鱿鱼、香菇、冬笋等辅料均切成细丝，放入香菜段，在清汤中煮熟，然后放在假“燕窝丝”上面，将蛋黄糕卷成牡丹花形状，放在中间，上笼哈热取出。锅内加清汤烧开，放入精盐、鸡粉、胡椒粉、香醋、芝麻香油等调料，浇在“牡丹燕菜”上即成 **关键点：**浇汤时要从周围浇，否则易破坏形状	
成品特点	口味酸辣，质爽味醇，造型优美	
举一反三	用此方法将主料变化后还可以制作“清汤燕菜”“清汤荷花莲蓬鸡”等菜肴	

第九章

制作拔丝、蜜汁、琥珀类菜肴

学习目标

1. 了解拔丝、蜜汁、琥珀类菜肴的制作工艺流程与特点
2. 掌握拔丝、蜜汁、琥珀类菜肴的制作方法及要领
3. 学会用拔丝、蜜汁、琥珀的方法制作各种菜肴

第一节　拔丝

拔丝一般多用于鲜果或块茎类蔬菜，原料先经油炸备用，另锅炒糖（有油炒、水炒、油水炒、干炒四种方法），炒时不停推搅，待糖全熔，由稠变稀，气泡由大变小，色呈金黄时，投入炸好的原料，迅速翻炒，至原料全部裹匀糖料时立即装盘（盘底需抹油，以免糖凉后粘底），快速上桌，趁热快食。拔丝菜肴香甜、外脆里糯，夹起来可拉出长丝，烘托就餐气氛。荤料挂糊炸制后也可做拔丝菜。拔丝菜肴的特点：色泽金黄，明亮晶莹，外脆里嫩，味香甜纯正。

工艺流程

选择原料 → 初步加工 → 挂糊油炸 → 熬糖裹料 → 成菜装盘 → 外带冷开水碗上桌

工艺指导

（1）制作拔丝菜肴宜选用新鲜、成熟的水果，去皮去核。

（2）含糖的原料（如苹果块）挂糊前最好先用清水洗一下，以去除其表面的糖分，并搌干水分，拍上干淀粉再挂糊，且动作要轻巧，以免糖分进入糊中炸制时表面上色太快。

（3）炒糖时一定要用小火，并不停搅动糖料，以防糖过早焦化变色。

（4）原料炸制与炒糖最好同步进行，热原料不但裹糖均匀，而且出丝时间长。

（5）上桌时外带冷开水碗用于蘸食。

菜肴实例　拔丝香蕉

“拔丝香蕉”是以香蕉、糖、面粉、鸡蛋等为主要食材制作而成的特色传统菜肴，菜品色泽浅黄微亮，质地柔软鲜嫩，外脆里糯，吃时拔丝蘸水，香甜可口沁心。著名的拔丝菜品还有“拔丝苹果”“拔丝山药”“拔丝红薯”“拔丝西瓜”等。

菜品名称	拔丝香蕉	
原料	主料	香蕉 400 克
	调辅料	鸡蛋 1 个，面粉 50 克，干淀粉 20 克，白糖 150 克，植物油 1 000 克
工艺流程	1. 原料加工切配：将香蕉去外皮，切成滚刀块，再撒上干淀粉拌匀。鸡蛋磕入碗内，加入面粉和适量清水，搅匀成全蛋糊待用 **关键点：**糊不能太稀，要有一定的稠度 2. 制作成菜： （1）将炒锅洗净置火上，放入植物油，烧至七成热，将香蕉逐块挂上全蛋糊入油锅炸至起壳、呈金黄色时捞起，待油温升至八成热时，再将香蕉块倒入略炸，捞起沥油 （2）炒锅内留油少许，烧至四成热时，加入白糖，用小火炒制，使糖熔化，泛起黄色泡沫又慢慢下落，呈金黄色时，倒入香蕉块，将锅端离火口，迅速颠翻几次，使糖汁均匀地包裹在香蕉块上，盛入抹有烹调油的盘内，随同冷开水碗一起迅速上席即成 **关键点：**香蕉块挂糊要均匀，不能脱糊。炒糖汁时要注意火候。此菜要现制现吃，上席动作迅速，蘸冷开水食之。冬季可在盘下放一碗热水，以延长出丝时间	
成品特点	色泽金黄，外脆里软，香甜可口，夹起后糖丝细长，富有情趣	
举一反三	用此方法将主料变化后还可以制作“拔丝山药”“拔丝苹果”等菜肴	

第二节 蜜汁

蜜汁是指用白糖、蜂蜜加适量的水加热调制成浓汁，浇在蒸熟或煮熟的主料上，或是把主料放入锅中，再加入适量的清水、白糖、蜂蜜，慢熬至主料熟透、甜味渗入主料成菜的烹调方法。在熬制糖汁时还可以加入糖桂花、玫瑰酱等以提高成品的色与味。蜜汁菜肴的特点：色泽美观，酥糯香甜。

工艺流程

选料加工→熟处理→熬糖收汁→浇淋在熟处理的原料上→成菜

工艺指导

（1）选用新鲜原料，原料多切成块、片、条、球等形状。

（2）熬制糖汁要有一定的浓度。

（3）如果糖汁黏性不足，可以勾薄芡增加其浓度和光泽。

菜肴实例 蜜汁山药枣

“蜜汁山药枣”以河南著名特产焦作怀山药和郑州新郑大红枣为原料烹制而成。

此菜将怀山药蒸熟后中间掏空，酿入红枣一同放入糖水中煮熟，成菜造型美观，口感爽滑，甜而不腻。

菜品名称	蜜汁山药枣	
原料	主料	山药500克，红枣200克
	调辅料	白糖150克，蜂蜜50克，桂花糖适量，熟猪油50克
工艺流程	1. 原料加工切配：将山药蒸熟去皮，中间挖空。红枣泡软煮熟去掉枣核，卷成筒状塞进山药内，塞好后切成厚片 **关键点：**挖空山药塞红枣时，要保持山药形状完好 2. 上笼蒸制：取一只净碗，内壁抹上熟猪油，将形状完好的红枣山药厚片整齐地码放在碗内（码面），不好的用于垫碗心，撒上白糖、蜂蜜，上笼蒸15分钟，取出扣在盘中 **关键点：**码面时要整齐美观 3. 收汁浇淋成菜：炒锅置中火上，将蒸红枣山药的汤汁滗入锅中收浓，再放入桂花糖，搅匀后起锅浇淋在红枣山药上即成 **关键点：**火力不宜大，汁要有一定的浓稠度	
成品特点	形态优美，香甜可口	
举一反三	用此方法将主料变化后还可以制作“蜜汁莲子”“蜜汁糯米藕”等菜肴	

第三节　琥珀

琥珀为传统豫菜烹饪技法。琥珀呈微黄色、褐色或红褐色，在南北朝时，多指菜肴的色泽，后来逐渐成为菜肴中的一种烹调方法，多用于莲子、山药、冬瓜等植物性原料，经蒸或煮后，加水、糖熬制，将汁㸆浓，色黄褐透明，形同琥珀，故称琥珀，如“琥珀冬瓜”“琥珀山药”“琥珀莲子”等。琥珀菜肴的特点：色呈琥珀，润泽光亮、筋香甜美。

工艺流程

选料加工→熟处理→入锅扒制→熬糖㸆汁→成菜

工艺指导

（1）选用新鲜、含淀粉多的原料，如山药、莲子等，多切成块状。

（2）㸆汁时要用小火。

菜肴实例　琥珀冬瓜

“琥珀冬瓜”是一道传统肴馔，其历史久远，北宋时期称为“冬瓜煎”。宋代的《事物纪原》、明代的《多能鄙事》《遵生八笺》中都能查到此馔的踪迹。

此馔因色如琥珀，晶莹透亮，故更名为“琥珀冬瓜”。到了清代，“琥珀冬瓜”逐渐发展成为一种烹饪技法，在其基础上又衍生出“琥珀莲籽”“琥珀山药”“琥珀红果”等肴馔。烹制此肴须选用经霜冬瓜，削皮，取皮下之瓜肉，刻成各种水果形状，用烧开的汤氽煮后，锅内铺两层竹扒箅，上面覆以冬瓜，加清水、蜂蜜、冰糖、白糖、花生油，用微火煨㸆，直至冬瓜透亮筋软、色如琥珀，为高档宴席之甜菜。

菜品名称	琥珀冬瓜	
原料	主料	鲜冬瓜 2 500 克
	调辅料	白糖 500 克，糖色 10 克，熟猪油 25 克
工艺流程	1. 原料加工切配、焯水：将冬瓜去皮、去瓤，切成 5 厘米见方的方块，每块刻成佛手或鲜桃形等各类果子形状，在开水里蘸一下捞在锅箅上，摆成两层圆形 **关键点：**冬瓜切块不能太小，在开水中蘸的时间不要长 2. 扒制成菜：炒锅置旺火上，添入清水约 1 000 克，把白糖放入化成汁，汁沸后撇去浮沫，下入糖色、熟猪油，把铺好冬瓜块的锅箅放入锅内，用盘扣住，汁沸后移小火上，㸆至汁浓，冬瓜色泽杏黄、光亮时，用漏勺托住锅箅扣入扒盘内，原汁浇在冬瓜上即成 **关键点：**收汁时要用小火	
成品特点	色如琥珀，香甜可口	
举一反三	用此方法将主料变化后还可以制作“琥珀山药”“琥珀红果”等菜肴